아빠의 긍정 육아가 아이의 행복을 만든다

아빠의 긍정 육아가 아이의 행복을 만든다

초 판 1쇄 2023년 02월 27일

지은이 세준세환 아빠
펴낸이 류종렬

펴낸곳 미다스북스
총괄실장 명상완
책임편집 이다경
책임진행 김가영, 신은서, 임종익, 박유진

등록 2001년 3월 21일 제2001-000040호
주소 서울시 마포구 양화로 133 서교타워 711호
전화 02) 322-7802~3
팩스 02) 6007-1845
블로그 http://blog.naver.com/midasbooks
전자주소 midasbooks@hanmail.net
페이스북 https://www.facebook.com/midasbooks425
인스타그램 https://www.instagram/midasbooks

© 세준세환 아빠, 미다스북스 2023, *Printed in Korea.*

ISBN 979-11-6910-173-8 03590

값 15,000원

육아휴직하고 아들 둘 키우는 교사 아빠의 일기

세준세환 아빠

아빠의 긍정 육아가

아이의 행복을 만든다

미다스북스

몇 년 전, 고등학교 3학년 담임을 할 때, 저희 반에 참 멋진 남학생이 있었습니다. 이 학생은 저희 반 회장이었는데, 매우 예의 바르고, 매 순간 성실한 태도로 학교생활을 했었죠. 게다가 리더십도 훌륭하여 같은 반 친구들을 단합시키는 데도 큰 역할을 했습니다. 그런데 당시 근무하던 학교는 그 근방에서 학생들이 1순위로 기피하는 학교였습니다. 게다가 당시 저희 반 같은 경우, 이 무슨 운명의 장난인지 그 학년에서 가장 말썽 많은 학생들이 대거 포함되어 있었죠. 그럼에도 이 학생이 저를 도와 반의 중심을 잘 잡아주어서 그 말썽 많은 반 친구들이 사고 한 번 안 치고 모두 무사히 졸업까지 다 할 수 있었습니다. 반의 분위기도 너무 좋았습니다.

당시 큰아들 세준이를 낳고 키우고 있던 저는 이 학생의 부모님은 어떻게 가정교육을 했기에, 이렇게 아이를 바르고 번듯하게 키울 수 있는지 궁금했습니다. 아버지는 어떤 분이신지, 가정교육을 엄하게 받았는지, 부모님과의 관계는 어떠한지 같은 것들을 학생에게 물어보기도 했었죠. 당시 이 학생이 했던 대답이 아직도 기억에 남습니다. 특히 아버지가 자신을 많이 이해하고 공감해준다고 했었거든요. 예컨대 이 학생은 공부를 잘하지 못하는 편이었는데, 아버지가 단 한 번도 성적을 가지고 뭐라고 한 적이 없었고, 늘 자기가 하고자 하는 것들에 대해 이해해주고, 지지해줬다고 합니다. 또 아버지와 함께하는 시간을 많이 가졌다고 했습니다. 이 학생이 체대를 준비하는 학생이었는데, 아버지와 운동도 종종 같이 한다고 하더라고요. 그러다 나중에 졸업식 때, 그 학생의 아버지를 만나뵈었는데, 아이와 다정하게 소통하는 아버지의 모습에 왜 그 학생이 바르게 클 수 있었는지 새삼 알겠더군요. 아빠와 아이와의 관계가 얼마나 중요한지 깨닫게 된 것이죠.

　그래서 저는 다음 해에 과감하게 육아휴직을 신청할 수 있었습니다. 당시만 해도 주변에서 아빠가 육아휴직을 하는 경우는 한 번도 본 적이 없었습니다. 당장 아빠가 육아휴직을 하면 집안의 수입이 크게 줄게 되죠. 또 엄마보다 아빠가 육아를 더 잘할 수 있다는 보장도 없습니다. 그러나 아이와 함께할 수 있는 기회가 또 올 수 있는 것도 아니었고, 무엇보다 아빠로서 아이와 함께하는 시간의 중요함을 알았기에 적극적으로 육아에 참여해보고 싶었습니다. 어쩌면 제가 MZ세대 아빠로서 거의 첫 육아휴직을 사용한 아빠인지도 모르겠습니다.

당시 육아휴직은 너무 힘들기도 했지만, 지금 와서 생각해보면 '신의 한 수'였습니다. 아이와 함께하는 순간의 소중함을 알게 되었을 뿐 아니라, 육아와 살림의 고충에 대해서도 잘 알게 되었거든요. 만약 제가 육아휴직을 하지 않았더라면, 육아와 살림에 대해 아내의 힘듦을 그렇게 깊이 있게 이해하지 못했을 겁니다. 육아와 살림을 직접 해보니, 무엇보다 아내를 더 잘 이해할 수 있었고, 더 가까운 사이가 될 수 있었습니다.

또 함께한 시간만큼 아들 둘과 마치 소울 메이트처럼 지내고 있습니다. 육아는 매우 정직합니다. 들인 노력과 시간만큼 아이와의 관계가 형성되고, 아이가 부모를 따릅니다. 아이에게 사랑을 주면 그보다 더 큰 사랑이 돌아오죠. 어제는 제가 몸이 좀 아프다고 했더니, 큰아이가 매우 걱정스런 얼굴로 비타민을 챙겨서 물과 함께 가져다주더군요. 그리고 어깨를 주물러주며 사랑한다고, 얼른 나으라고 귓가에 말을 해주고 갔습니다. 또 아빠가 지금 아프니까 자기가 많이 도와줘야 한다면서 빨래를 개는 데 와서는 열심히 다 개더군요. 걱정스레 내 옆에서 나를 꼭 안아주는 아이에게 무슨 말이 더 필요할까요. 아이들을 키우는 데서 오는 행복이 바로 이런 것이라 생각합니다.

특히 이 책은 육아휴직을 하고 아이들 육아와 살림을 도맡아오면서 그간 느끼고 경험했던 것들을 아빠의 관점에서 풀어서 쓴 책입니다. 앞서도 얘기했지만, 아이들은 아빠와의 관계가 매우 중요합니다. 돈을 많이 벌어 와서 아이들에게 다양하고 좋은 경험을 시켜주는 것도 좋지만, 아이들이 하는 말에 따뜻하게 반응해주고, 아이들 눈높이에서 같이 즐겁게 놀아준다면 아이들은 그것을 더 좋아할 것입니다. '아빠니까 당연히 아이들이 믿고 따라오겠지.'가 아닌, 아빠로서 아이들과 긍정적인 관계를 형성할 수 있도록 열심히 노력해야 합니다.

또 예전에는 엄마 쪽으로 육아와 살림의 무게 추가 많이 기울어져 있었는데, 이제는 누구 한 명의 희생과 헌신으로는 더 이상 육아가 제대로 되지 않으리라 생각합니다. 아빠와 엄마 둘 모두가 함께 육아를 해야 하고, 무엇보다 출산과 육아에서 엄마의 고생은 아빠가 생각하는 것 이상으로 더 크기 때문에 아빠의 적극적인 육아 참여가 필요합니다. 먼저 육아휴직을 한 육아 선배로서 육아에 뛰어들 후배분들에게 육아의 여러 팁과 아빠로서의 여러 생각을 이 책을 통해 알려드리고자 합니다. 제가 쓴 책의 가능성을 알아봐주신 미다스북스 명상완 실장님과 이다경 편집장님께 감사의 말씀을 전합니다. 덕분에 미숙한 초보 아빠로서 좌충우돌하며 아들 둘을 키워온 육아일기를 세상에 내놓을 수 있었습니다.

아울러 두 아이를 키우면서 같이 늙어가고 있는, 사랑하는 아내 진주, 사랑하는 두 아들 세준&세환, 직접 육아를 해보니, 더욱 감사와 존경의 마음이 커지는 사랑하는 우리 어머니 김점례 여사님과 장모님, 장인어른께도 진심으로 감사하다는 말씀 전합니다. 육아하는 모든 부모님께 이 책이 도움이 되길 바랍니다.

1장

아빠도
부모 노릇은
처음이지만

1

첫째와 둘째, 그 사이의 아빠

둘째 세환이가 감기에 걸려 며칠 동안 누런 콧물을 달고 살았는데, 병원에 가서 약을 지어 먹여도 여전히 골골거렸다. 여기저기 뛰어다니면서 이것저것 자기 맘대로 행동하던 둘째 모습은 온데간데없고, 힘없이 누워 있는 모습을 보니, 왠지 마음이 더욱 아파서 며칠 동안 둘째를 계속 안아 주었더니, 그 사이 첫째 마음에 스크래치가 난 모양이다. 게다가 오늘 아침에는 첫째가 마음에 크게 상처를 받은 일이 생겼다.

아내가 안방에서 아직 어린 아기인 둘째 세환이를 데리고 자고, 내가 작은방에서 첫째 세준이를 데리고 같이 자는데, 아침 새벽에 문득 일어나서, 혹시라도 세환이가 자는 안방이 많이 추워서 감기가 안 낫나 싶어 슬며시 일어나 세환이가 자는 방으로 향했다. 아내는 큰 침대에서 자고 있고 둘째는 그 옆에 작은 범퍼침대에서 자고 있는데, 코에는 말라붙은 콧물이 한가득인 채 곤하게 잠들어 있는 모습이 왠지 모르게 짠해서 같이 옆에 누워서 혹시라도 웃풍은 없는가 확인해본다는 것이 나도 모르게 깜빡 잠든 모양이었다.

그러다 첫째 세준이가 울고불고 하는 소리에 잠에서 깨어 황급히 달려가보니, 세준이 얼굴이 눈물과 콧물로 범벅이 되어 서럽게 울고 있었다. 이게 뭔 일인가 싶어 세준이를 안고, 작은방에 데리고 가서 자초지종을 들어보니, 세준이가 자다가 일어났는데 늘 옆에서 자던 아빠가 안 보였던 것이다. 그래서 밖에 나와봤는데, 거실에도 없었고 안방에 살며시 들어가봤더니, 이게 웬걸, 아빠가 동생 녀석과 자고 있던 것이었다. 그동안 아빠가 동생만 자꾸 안아준 것도 서럽고 질투심이 나는데, 이제는 자기를 버리고 동생과 같이 잤다는 생각에 그렇게 눈물 콧물을 다 흘리며 서럽게 울고 있었다는 것이었다.

나는 깜짝 놀라서 세준이를 안아주며, 한바탕 장황한 설명을 해야 했다.

사실은 그게 아니다. 너도 알다시피, 세환이가 지금 감기 때문에 많이 힘들어하지 않니? 그래서 아빠는 원래 너 옆에서 같이 자다가, 아침에 일어나서 세환이 자는 방이 혹시 춥지는 않은지 옆에 누워서 확인 한번 해본 것뿐이야. 아빠한테는 우리 세준이가 영원히 1등이지.

몇 번이고 사실 설명을 하며, 꽉 안아주니, 그제야 좀 마음이 풀린 모양이다. 눈물을 닦고, 아침부터 레고를 만들겠다고 놀이방으로 뛰어들어 갔다.

이거 큰일이다. 생각보다 둘째에 대해 첫째가 많이 질투심을 느끼고 있다고 생각했다. 그래도 그동안 첫째한테 신경을 나름 더 쓴다고 썼는데도, 둘째가 아픈 그 며칠 사이에 둘째를 더 안아주고 좀 더 시간을 같이 보냈다고 첫째가 마음에 상처가 단단히 생긴 모양이었다.

그래서 주말에 아무래도 첫째를 데리고 둘만의 데이트를 좀 해야겠다고 생각했다. 마침 큰아들이 요새 곤충에 관심이 많은데, 여주에 '곤충박물관'이 괜찮다고 하여, 얼른 박물관 표를 예매했다.

그 사이 콧물이 좀 나은 둘째를 같이 데리고, 오랜만에 우리 가족 모두 차를 타고 여행에 나섰다. 둘째가 코감기에 걸려서 꽤 오래 아팠기 때문에 거의 보름 만에 다 같이 밖에 나온 셈이다.

우리 집 아이들은 성향이 제각각이다. 큰아들 세준이 같은 경우, 확실하게 집돌이다. 집에서 노는 것을 좋아하고, 다양한 사람들과 어울리는 것보다, 자기가 좋아하는 일부와 노는 것을 더 선호한다. 그리고 혼자 책을 읽거나, 뭔가를 만드는 등, 자기만의 시간을 즐긴다. 또 뭔가에 집중하면 그걸 완성해야 직성이 풀린다. 세준이는 나와 애착이 잘 형성된 관계로, 아빠와 노는 것을 정말 좋아한다. 물론 내가 잘 놀아주기도 하거니와, 세준이 성격이 나와 비슷해서, 둘이 코드가 잘 맞는 까닭이다.

반면 둘째 세환이는 첫째 세준이와 달리 외향적이고, 밖에 나가는 것을 좋아한다. '나가자'는 말만 들려도, 어느새 현관 앞에 나가서 자기 신발을 들고 '어~어~.' 하면서 신발을 신기라는 시늉을 한다. 밖에 나가서는 지나가는 사람 모두한테 자신의 존재를 각인시키느라 정신이 없다. 빤히 쳐다보고, 때로는 싱긋 웃어주니, 지나가는 사람들이 모두 세환이를 쳐다보고 다들 웃어주거나 혹은 말을 건네고 간다. 자기 하고 싶은 것은 꼭 해야 직성이 풀린다. 만지고 싶은 것이 있으면 만져야 하고, 형과는 달리 겁도 없다. 이제 17개월인 녀석이 그 무렵 형은 무서워서 타지도 못했던 그네를 타지 않나, 높은 미끄럼틀에서 과감하게 타고 내려오질 않나, 성향이 정말 정반대이다.

18　아빠의 긍정 육아가 아이의 행복을 만든다

어쨌든 오늘은 세준이의 마음을 풀어주는 날이기에, 여주에 도착해서 아내와 세환이는 따로 커피숍에 내려주고, 세준이와 나, 단둘이 여주 곤충박물관으로 향했다. 예전 세준이와 곤충이나, 파충류 등을 만지고 먹이 등을 줄 수 있는 다양한 체험들은 이미 몇 번이나 같이 해봤건만, 세준이는 오랜만에 아빠와 단둘이 놀러간다는 사실에 이미 마음이 무척 들뜬 모양이다. 목소리부터 신나서는 연신 얼른 가자고 재촉했다.

오랜만에 세준이와 단둘이 데이트를 하며 곤충박물관에 들어가 체험을 하는데, 아이가 무척 즐거워했다. 특히 박물관 여기저기에 설명해주시는 선생님들이 계셔서, 아이들에게 곤충이나 파충류들을 직접 만져볼 수 있게 해주시는데, 세준이는 다양한 도마뱀들을 머리에 올려놓고 사진도 찍었다.

어쨌든 이렇게 아빠와 단둘이 데이트를 하고 나니, 세준이가 무척 좋았나 보다. 체험이 끝나고 나가려고 하는데, 문득 하는 말이 내일도 또 오자고 한다. 내일 또 오기에는 이곳이 너무 멀다고 하니, 그러면 여주로 이사를 오자고 한다. 아빠 회사는 어떻게 가냐고 물어보니, 아빠 회사를 여주로 옮기면 되지 않느냐고 한다.

그 당시에는 아이의 답변에 크게 한번 웃고 상황을 넘겼었지만, 나중에 생각해보니, 세준이가 그동안 꽤나 서운함을 느꼈겠구나 하는 생각이 들었다. 세준이는 오늘 곤충박물관에서 곤충들을 본 것보다 하루 종일 아빠를 독차지하고 둘만의 시간을 보낸 것이 더 좋았던 것이다. 언젠가 아들 셋을 키운 선배님에게 들어보니, 첫째가 둘째나 셋째를 봤을 때 느끼는 감정이 남편이 첩을 데려왔을 때의 아내 심정이라고 한다. 더 마음 아픈 것은 첫째가 그런 둘째에게 라이벌 의식을 언제 포기하는지 아냐고 물어보시기에 모른다고 했더니, 엄마 아빠가 둘째를 바라보는 눈빛에 꿀이 뚝뚝 떨어지는 모습을 보면, 첫째가 '아. 나는 절대 둘째를 이길 수 없겠구나.' 하고, 포기하고 받아들이게 된다는 것이었다.

새삼스레 큰아들과 둘만의 데이트하는 시간을 종종 가져야겠다는 생각을 하였다. 둘째가 더 손이 필요한 아기라는 이유로, 첫째에게 소홀했던 점은 없었나 가만히 떠올려보았다. 두 아이를 키우는 입장에서 아이들 모두에게 마음을 온전히 쏟고 싶은데, 혹시 어느 하나에게 서운함과 상처를 준 일은 없었는지 오늘도 반성하며, 두 아이 모두에게 부모의 사랑을 넉넉히 줄 수 있기를 기도한다.

아들에게

...

"세준아, 네가 엄마 아빠를 모두 사랑하듯이,
아빠도 너희 둘 다 똑같이 사랑한단다."

2

아이가 아프니, 부모님의 마음을 알겠더라

며칠 전, 둘째아들 세환이가 오후부터 갑자기 열이 나더니, 저녁을 먹은 무렵부터는 온몸이 불덩이였다. 이제 18개월 된 둘째아들이 아파서 소리도 못 내고 내 품에 쏙 안겨 있으니, 내 마음이 더욱 미어졌다. 급한 대로 해열제를 먹이고, 이마에는 쿨링시트를 붙여서 응급처치를 했다. 그런데 내 품에 안겨 있던 세환이가 갑자기 정신을 잃고, 그 와중에 아이의 발이 제멋대로 흔들리기 시작했다. 게다가 온몸을 부들부들 떨고 있으니 덜컥 겁이 난 나는 세환이의 몸을 흔들면서, 정신을 차리라고 외치기 시작했다. 내 목소리에 깜짝 놀란 큰아들과 아내까지 달려오고, 그 와중에 세환이의 경련은 멈출 줄을 모르고 더 심해졌다.

아내는 황급히 119에 구조 전화를 하였고, 그 사이 나는 세환이의 상태를 살펴보는데 아이가 호흡도 제대로 하지 못하고 입술이 파래지기 시작했다. 이러다 뭔 일 나는 것이 아닌가 하는 생각이 들 정도로 상황이 절박해지고 있었고, 나도 모르게 울면서 빨리 119를 부르라고 소리치고 있었다. 내가 울부짖으니 아내도 더욱 놀라서 119 구조대원과 제대로 통화가 안 될 정도로 똑같이 울기 시작했다.

간신히 구조대원에게 집주소를 불러주고, 나는 혹시라도 아까 먹은 저녁 때문에 세환이가 체했나 싶어 손가락을 세환이의 입안에 넣어보았다. 이미 정신을 잃고 부들부들 떨고 있는 세환이의 혀가 입 안으로 말려 들어간 것이 느껴져서 그때는 혹시라도 음식물 때문에 체해서 호흡을 제대로 못하고 있나 싶어 내 손가락을 아이의 입안으로 넣어 안의 내용물을 토하게끔 했다. 정신을 잃은 아이는 입을 꽉 다물고 있어서, 억지로 입을 벌려 토하게 했는데, 나중에 살펴보니 내 오른손 손가락 피부가 아이 치아에 의해 크게 파여져 있었다.

그때, 응급구조대원께서 아이가 열 때문에 경련하는 것 같으니 옆으로 눕혀 놓으라고 조언을 해주셨다. 다행히 아이가 몸을 떠는 것이 줄어들고 호흡을 다시 하는 것처럼 보여서 옆으로 눕히고 상황을 지켜보았다. 구조대원이 도착하기까지 1초가 10분처럼 느껴지는 상황이 계속되었고 여전히 아이는 정신을 차리지 못한 상황이었다.

구조대원이 도착하여 정신을 잃고 축 늘어진 아기의 열을 재보니 39도가 나왔다. 아마도 열성경련인 것 같다고 알려주시며 바로 아기를 데리고 병원 응급실로 간다고 하셨다. 그리고 이런 경우, 아이의 입에 손가락을 넣어서 토하게 하는 행위는 절대 금물이라고 하셨다. 혹시라도 기도가 막힐 수도 있는 상황이 발생하면 더 큰일이 생긴다고 하셨다. 입안에 손가락을 넣어 음식물을 토하게 한 것은 무지한 아빠의 어리석은 행동이었던 것이다.

밤 10시가 넘은 상황이라, 내가 따라간다고 하니 어느새 옷을 다 입은 아내가 와서 자기가 가겠단다. 그리고 나보고 큰아이를 재워달라고 했다. 큰아들 세준이도 엄마, 아빠가 울고 있는 모습을 본 데다가, 제 동생이 온몸을 부들부들 떨며 경련하는 모습까지 본 터라 크게 놀란 상황이었다. 그래서 아내가 세환이와 같이 119를 타고 병원으로 가는 동안, 내가 세준이를 얼른 재우기로 했다.

그 사이 세환이는 대학병원 응급실에서 피 검사며 엑스레이며 이것저

것 검사를 받은 모양이었다. 그러는 동안 정신도 돌아왔고 열도 잡혔다고 한다. 그제야 긴장이 좀 풀리며 온몸이 망치로 한 대 맞은 것처럼 축 늘어졌다. 아이 치아에 벗겨진 손가락도 아파오기 시작했다. 다행히 아이 검사 결과는 정상인데, 아무래도 바이러스 때문인 것 같다고 의사가 말했다고 한다. 그리고 열성경련은 흔히 발생하는 일이기 때문에 집에 가서 상황을 지켜보라고 했단다.

새벽 3시에 퇴원하게 된 아이와 아내를 데리러, 차를 끌고 병원으로 출발했다. 아이와 아내를 데리고 집에 오니, 새벽 4시다. 세환이를 재우고 아내와 그날 하루 발생한 일에 대해 얘기를 나눴다. 둘 다 정신이 잠깐 나갔다 들어왔을 정도로 정신없고 혼란스러웠던 하루였다. 나와 아내의 대화 시작은, 놀랍게도 똑같이 우리 어머니에 대한 이야기였다.

몇 년 전, 큰아들이 두 살 무렵일 때, 큰아들도 똑같이 열성경련을 겪었던 적이 있었다. 당시 어머니께서 맞벌이인 우리를 대신하여 큰아들을 봐주셨는데, 아침에 조금 열이 나긴 했어도 밥도 잘 먹고 잘 놀길래 걱정하지 않고 아이를 어머니께 맡기고 직장에 나갔었다. 그런데 잘 놀던 큰아들이 갑자기 열이 오르면서 눈자위가 하얗게 뒤집어지고 픽 쓰러져서, 어머니가 크게 놀라 아이를 들쳐업고 1층 경비실까지 뛰어가 119를 불러 달라고 하셨단다. 아내에게도 세준이가 쓰러졌다고 울면서 전화를 하셔서 놀란 아내도 일하다 말고 아이한테 달려왔다. 당시 아이가 열성경련 및 계속된 고열로 4일 정도 병원에 입원을 했었는데 어머니는 그 일로 트라우마가 생겨 한동안 혼자서 아이를 못 볼 정도로 힘들어하셨다. 지금도 그때 일을 이야기하시면 눈물을 흘리실 정도이다.

당시 나와 아내는 큰아들 세준이가 겪었던 열성경련에 대해 직접 경험하지 못해서(우리가 병원에 갔을 때는 이미 큰아들이 진정된 후였다.) 이 정도로 급박하고 힘든 상황인지 미처 몰랐었고, 어머니가 말하던 트라우마를 겉으로는 공감한 척 위로해도 진심으로 이해하지 못했다. 그런데 이제 내가 둘째아들 세환이의 열성경련을 직접 겪어보니 그때 당시 어머니의 마음과 트라우마를 진정으로 이해하겠다. 나 역시 한동안 트라우마가 생겨서 그때 정신을 잃고 부들부들 떨던 세환이의 몸의 감촉이 몇 번씩 머릿속에 떠오를 때가 있었고, 그럴 때면 나도 모르게 온몸이 떨리곤 했었다.

자식이 아픈 일을 겪어보니, 이제야 나를 키워준 부모님의 마음을 알겠다. 자식이 아프면 부모의 마음은 천 배나 더 아프다고 했던 그 누군가의 말도 이제는 이해가 된다. 우리 부모님들도 우리들이 커가면서 아프고 힘들었을 때, 얼마나 마음 졸이고 애태우셨겠는가. 아이들이 힘들게 할 때 나도 모르게 '아이고, 내가 뭔 부귀영화를 누리겠다고 아들 두 녀석 때문에 이리 고생을 하고 있나.' 하고 내뱉었던 말도 너무나 후회되고 반성이 된다.

둘째 녀석이 몸이 좀 회복되었는지 며칠이 지나자 또다시 여기저기 까불거리며 돌아다니는 모습을 보여준다. 기껏 치운 장난감을 또 여기저기 어질러놓은 모습에 잠깐 화가 났다가도 다시 그럴 수도 있지 하는 긍정적인 마음으로 돌아왔다. 아이를 키우는 일은 쉽지 않은 일이지만 또 한편으로는 가장 보람된 일이기에.

아빠의
한마디

아들에게

...

너희가 건강하고 바르게 커주는 것이
아빠의 가장 큰 소원이란다.'

3

언젠가 올 이별을 어떻게 설명해야 할까

지금은 고인이 되신 나의 아버지는 지금도 생각하면 참 대단하신 분이다. 아내와 세 아이를 데리고 그 어렵고 힘든 상황에서 서울에 터전을 잡고 살아남으셨다.

그러다 정년퇴직을 하시고, 조금이라도 집에 더 보탬이 될까 싶어 야간 경비 일을 시작하셨다. 그런데 해당 경비 업체에서 형식적으로 간단한 건강검진을 요구하여, 보건소에서 가슴 엑스레이 사진을 찍으셨는데, 폐 엑스레이에서 이미 군데군데 퍼진 암덩어리들이 보여 황급히 삼성서

울병원에 입원하여 각종 검사를 받으셨다.

이런저런 각종 검사들을 마치고, 담당 의사가 보호자인 나를 따로 불러 이야기를 좀 나누자고 했던 것이 아직도 생생하게 기억난다. 당시 아버지의 경우, 겉보기에 멀쩡하셨고, 통증도 전혀 없으셨다. 무엇보다 그동안 술, 담배를 하지 않으셨으며 꾸준히 배드민턴 등의 운동도 해오셨기에, 설마 하는 마음이 있었다. 그런데 의사가 한 말은 충격적이었다. 신장암이 원발암인데, 이미 폐와 부신 등 여기저기 퍼져 있어서 말기라고 했다. 남은 여명은 6개월 정도라는 말도 덧붙였다.

그동안 고생만 하시다가 이제 퇴직하셔서 인생을 좀 즐겨보려고 하시는데, 남은 시간이 고작 6개월이라니, 게다가 6개월 동안 온전한 몸일지도 모르고, 암성 통증에 얼마나 시달려야 하는지 알 수도 없는 상황이었다. 나는 온몸에 힘이 빠지고, 정신이 혼미해져 간신히 정신을 차리고 병실로 터벅터벅 돌아갔다. 마침 병실에서는 아버지가 주변 사람들에게 자신은 술, 담배도 하지 않았고 운동도 꾸준히 해왔으며 먹는 것도 집밥을 건강하게 잘 먹어 왔는데, 왜 이렇게 입원까지 해서 검사를 받는지 잘 모르겠다고 하소연하고 계셨다.

나는 이미 결과를 다 알고 있건만, 아직 결과를 모르는 아버지는 설마

하면서, 자신이 암이 아닐 것이라고 애써 미소를 지으며 기대하는 모습을 보여주셨다. 그때 나는 아버지의 그런 모습을 차마 볼 수가 없어 병실 밖으로 나와서 비상계단에 쪼그려 앉아 하염없이 눈물을 흘렸다. 그 후, 항암을 시작하면서 약 1년 6개월가량을 투병하시다가, 결국 항암제에 내성이 생겨 아버지는 암성 통증에 고통스러워하시며 돌아가셨는데, 지금도 그때의 아버지 얼굴을 떠올리면 나도 모르게 눈물이 난다. 나에게는 그때 아버지의 얼굴이 슬픔의 발작 버튼인 셈이다.

그런데 지난 명절 때, 우리 집에 엄마와 누나, 동생네가 다 모여 식사를 마치고, 영화를 한 편 본적이 있었다. 〈온워드 - 단 하루의 기적〉이라는 애니메이션 영화인데, 이 영화의 간단한 줄거리는 다음과 같다.

두 형제가 살고 있는데, 이 형제는 아버지가 일찍 돌아가시고, 엄마와 같이 살고 있다. 그런데 큰아이는 아버지에 대한 기억이 남아 있지만, 둘째 아이는 너무 어릴 때 아버지가 돌아가셔서, 아버지에 대한 기억이 거의 없다. 그러다 아버지가 돌아가시면서 남긴 물건(피닉스 잼이라는 보석과 마법지팡이가 담겨 있다.)과 편지를 보게 되는데, 편지에는 피닉스 잼이라는 보석을 이용하여 마법을 부리면, 단 하루 동안, 아버지가 되살아나서 아버지와 시간을 보낼 수 있게 된다는 내용이 적혀 있었다. 잔뜩 신난 형이 먼저 마법의 주문을 외워보지만, 마법은 실현되지 않았고, 형제는 실망하게 된다. 그런데 나중에 동생이 혹시나 하며 마법의 주문을 외웠을 때 갑자기 마법이 실현되어 진짜로 아버지의 모습이 조금씩 나타나기 시작한다. 사실 형은 마법의 능력이 없었고, 동생은 마법의 능력이 있었던 것이다. 그런데 동생이 초보이다 보니, 마법이 온전히 실현되지 못하고 아버지의 모습이 하반신까지만 나타난 상황에서 그만 중간에 마법이 중단되어 버린다. 이제 남은 시간은 23시간 정도. 그 시간 안에 다른 피닉스잼 보석을 찾아서 마법을 다시 실현시켜야 한다. 그리고 결국 보석을 다시 찾아, 아버지를 온전히 살려내는데, 남은 시간은 몇 분 남짓이다. 결국 형이 아버지와 만나 못다 한 이야기를 나누고, 몇 분 뒤, 아버지는 다시 허공으로 흩어져 사라지게 된다. 그렇지만, 동생은 마음 아프지 않았다. 아버지에 대한 기억이 없지만, 그래도 어릴 때부터 자신과 같이 놀아주고 함께해주었던 형이 있었던 것이다.

대충 이런 내용의 줄거리인데, 문제는 우리 큰아들 녀석도 아빠 옆에 찰싹 붙어서 해당 영화를 같이 보았던 것이다. 이 영화가 애니메이션이기도 하고, 전체관람가이기도 해서 '그래, 괜찮겠지.' 하면서 보여준 것이 화근이 된 모양이다. 자려고 누웠는데, 갑자기 큰아들이 혼자서 훌쩍거리면서 울고 있다. 당황하여 왜 우는지 물어보니, 낮에 본 영화에서 아버지가 사라지는 장면이 자꾸 머릿속에 떠오른다고 했다. 그러면서 언젠가는 아빠도 세상에서 없어지냐고 물어본다. 뭐라고 답해야 할까. 순간 많은 고민을 했지만, 나는 이렇게 답변했다.

"아빠도 언젠가는 나이가 들면 할아버지가 되고, 그때가 되면, 세준이는 멋진 어른이 되어 있겠지. 그리고 시간이 더 지나면, 아빠도 하늘로 가야 할 텐데, 그렇지만, 아빠는 여전히 세준이 마음속에 남아 있고, 더 시간이 지나면, 세준이도 할아버지가 될 테니 그때는 하늘나라에서 만날 수 있는 거지. 그러니까 지금 이렇게 세상에 나와 있을 때, 하고 싶은 것이 있으면 용기 있게 해보고, 하루하루 열심히 살았으면 좋겠다."

어린 아이는 눈물을 훔치더니, 알았다고 대답했다. 그런데 간혹 가다가 갑자기 〈온워드〉 결말 부분이 머릿속에 떠오르는 모양이다. 가끔 몇 번씩 눈물을 흘릴 때가 있어서, '아, 세준이에게 슬픔의 버튼이 그 장면이 되어버렸구나.' 하는 생각이 들었다. 눈물을 흘릴 때마다, 꼭 안아주면서 아빠가 지금 옆에 있음을 알려주는 수밖에 없었다.

세준이의 이런 모습을 보면서 나의 어린 시절이 생각났다. 나 역시 세준이와 비슷한 일을 겪었는데, 아무래도 나의 이런 기질이 아들에게 전달된 것 같다. 당시 초등학생이던 나는 도서관에서 책을 빌려다 읽는 것을 무척 좋아했었는데, 마침 그 때 읽었던 책이 이집트 왕가의 무덤, 피라미드에 관한 책이었다. 그런데 그 책을 읽다가 내 머릿속에 든 생각은

'이렇게 당시 절대 권력을 자랑하던 왕들도 결국 죽어서 미라가 되어 피라미드에 묻히는데, 그럼 언젠가 시간이 지나면, 아빠와 엄마도 돌아가시고, 나도 언젠가는 늙어서 죽겠지.' 하는 생각이었다. 갑자기 공포가 밀려와서 아직 어린 아이인 나는 미래에 올 죽음이 두려워서 목 놓아 꺼이꺼이 울었다. 그때 안방에 계시던 아버지가 깜짝 놀라 내 방에 와서 내 자초지종을 듣고는 나를 달래주셨던 기억이 아직도 선명하다. 그 당시 그 슬픔을 극복했던 방법은, 당시 할머니나 할아버지께서 아직 정정하게 살아계셨기에, 할아버지, 할머니가 살아계신데, 아직 아버지, 어머니가 돌아가실 리 없다 하면서 나름대로 정신 승리를 했던 것이다.

아들들이 커나가면서, 자연스레 죽음에 대해 궁금해하고, 혹은 이별에 대해 경험을 할 수도 있을 것이다. 그럴 때 부모로서 죽음이 어떤 의미인지, 그리고 이별의 슬픔을 어떻게 이겨낼지 알려줘야 할 터인데, 사실, 나 역시도 예전 아버지와 이별했을 때 극복하기 참 힘들었다. 그리고 언젠가 어머니와 이별을 해야 한다면, 그때는 어떻게 이겨내야 할지 당장 생각만 해도 가슴이 먹먹해진다. 그래도 예전 아버지가 돌아가실 때와 다른 것은 나한테는 지금 나를 바라보고 있는 두 아이가 있다는 점이다. 예전 할아버지가 돌아가셨을 때, 아버지께서 그날만 크게 우시고, 며칠 뒤 바로 일상으로 복귀한 것을 보고 어른들은 대단하다고 생각을 한 적이 있었다. 그런데 생각해보면 아버지에게도 우리 형제 셋이 있었던 것이다.

아이들의 이별에 대한 슬픔을 부모로서 감싸주되, 나머지는 모두 시간이 해결해줄 문제라고 생각한다. 아이들이 크고, 우리도 늙으면 언젠가 이별을 할 터인데, 그때쯤 되어 성인이 된 아이들의 어깨에는 나름대로의 삶의 무게가 실려 있을 테니, 그것들이 슬픔을 이겨내고 다시 현실에 복귀하는 데 도움을 주지 않을까 싶다. 언젠가 찾아올 이별을 생각하며, 아이들과 함께 있는 이 순간의 소중함을 새삼 깨닫는다.

아빠의
한마디

아들에게

...

"언젠가 찾아올 이별이 있기에
너희들과 함께 있는 지금 이 순간이 더없이 소중하구나."

4
아이에게서 내가 싫어하는 모습이 보인다면

큰아들 세준이가 다니는 유치원에는 우리 아파트에서 세준이 말고도 비슷한 또래 아이들이 대여섯 명은 더 다니고 있다. 버스가 도착하면 아이들이 우르르 내리는데 그 중 세준이와 친한 한 명의 아이가 있다. 이 아이는 버스에서 내릴 때면 늘 세준이에게 놀이터에서 좀 더 놀다가 들어가자고 얘기를 하곤 하는데, 그럴 때마다 세준이는 대부분 좋다고 말하며 이 아이와 같이 놀다가 들어오곤 한다.

그런데 이 아이는 자기가 놀고 싶을 때는 세준이가 싫다고 해도 같이 놀자고 끝까지 조르면서 놀이터로 끌고 가는 모습을 보여주더니, 세준이가 놀자고 했을 때는 자신의 상황에 따라 매몰차게 거절하고 가버리는 모습을 몇 번 보여주었다. 그러다 보니 나는 그 아이의 자기 위주 성향이 조금 강해보여서 개인적으로 조금 꺼리는 마음이 들었던 것이다.

그런데 얼마 전, 세준이와 그 아이와의 사이에서 한 사건이 발생했다. 세준이가 그날따라 무척 컨디션이 안 좋은지, 꾸벅꾸벅 졸면서 유치원 버스에서 내렸는데, 본인도 피곤한지 얼른 집에 가서 쉬어야겠단다. 그런데 그 아이가 세준이에게 자꾸 아파트 중앙광장에서 놀다 가자고 붙잡는 것이었다. 사실 내가 나서서 그 아이의 제안을 거절하고 세준이를 데리고 집으로 들어가도 되건만, 세준이가 어떻게 행동할지 궁금했고, 무엇보다 내가 나서서 괜히 아이의 행동을 정해주는 것 같아 옆에서 한번 지켜보았다. 그런데 세준이가 계속 망설이자, 그 아이는 자신의 주장을 굽히지 않고, 세준이에게 조금만 놀다 가자고 계속해서 졸랐다. 결국 세준이가 그 아이를 따라 중앙광장으로 놀러가는 모습에 문득 나도 모르게 기분이 썩 좋지 않았던 것은 예전, 아니 어쩌면 지금도 내가 가장 싫어하는 나의 모습이 보였기 때문이었다.

나의 경우, 상당히 주변 사람들에게 잘 휘둘리는 타입이었다. 설령 남들에게 화가 나는 일이 있었어도 남들의 상황을 이해하고 그냥 넘어가는 경우가 많았고, 내 주관을 강하게 가지지 못하여, 다른 사람들의 요청에 거절을 잘하지 못하는 편이었다. 예컨대, 고등학생 때를 떠올리면, 수능 전날, 공부를 마무리하러 얼른 집에 가야 함에도 같이 게임을 할 한 명이 모자란다고 잠깐 10분만 게임하고 가자고 조르고 붙잡는 친구의 요청에 못 이겨 결국 별로 하고 싶지도 않았던 게임을 수능 전날 몇 시간이나 하고 들어가면서 자책하고 후회했던 적이 있었고, 수능을 보고 대입 논술을 위해 논술학원을 신청했건만, 수능 끝났다고 다 같이 모여 놀자는 친구들의 요청에 그 비싼 학원을 몇 번이나 빼먹은 적도 있었다. 내가 놀고 싶어서 자발적으로 학원을 가지 않았다면 그렇게 화가 나지도 않았을 텐데, 내가 별로 좋아하지도 않는 노래방을 가자고 졸라서 그 당시 나는 노래방에서 노래도 부르지 않으면서 그냥 몇 시간 앉아 있었던 것이다. 정작 그렇게 같이 놀자고 졸랐던 친구는 자신이 학원에 가야 할 때는 철저하게 시간을 지켜서 학원에 갔었는데 말이다.

내가 어른이 되어서도 그런 모습이 쉽게 사라지지 않았다. 특히 직장인이 됐을 때도 남의 요청을 거절하지 못하고 남에게 휘둘리는 일이 많았다. 다른 사람이 자신이 할 일인데도 마치 내가 할 일인 것처럼 나에게 슬쩍 넘기면 내 생각을 강하게 말하지 못하고, 늘 적당한 선에서 남들의 요청을 받아줬었다. 나에게 선을 자꾸 넘어올 때에도 강하게 제지하지 못하고 바보처럼 어수룩하게 당하는 경우들이 많았다.

어느 순간 이런 모습을 고쳐야겠다고 굳게 마음먹고 노력해도 사실 어릴 때부터 형성된 성격은 정말 고치기가 어려웠다. 그럼에도 고치지 않으면 안됐던 것은 이런 모습으로 평생 살 수는 없기에, 가급적 인간관계에서 어느 정도 거리를 두고, 나만의 영역을 확실하게 형성하여 그 영역을 침범하면 바로 바로 반응하는 연습을 꾸준히 했다.

다행히 지금은 어느 정도 남에게 휘둘리는 것이 많이 줄었다. 예전처럼 내가 손해를 보면서까지 남들의 요청을 들어주는 경우는 거의 없다. 무엇보다 자식이 생기니 내 자식과 가정이 최우선시되어, 남이 나를 휘두르려고 하는 것에 대해 더 당당하게 'No.'라고 말할 수 있게 되었다.

그런데 내가 가장 싫어하는, 남에게 휘둘리는 모습이 큰아들에게서 보이니, 나도 모르게 자꾸만 뭔가 화가 나는 것이다. 사실, 세준이에게 화를 내는 것이 아니라, 어린 시절의 나에게 화를 내고 있다고 보는 것이 맞을 것이다. 내가 그토록 싫어했고, 고치고 싶었던 모습들이 보이니, '그래, 한번 아들이 어떻게 행동하나 보자.'라는 생각이 들어, 팔짱을 끼고 세준이를 지켜만 보았다. 세준이와 그 아이가 광장에서 놀기 시작했는데, 세준이가 오늘 컨디션이 안 좋다 보니, 노는 것이 좀 재미없어진 모양이었다. 어느샌가 둘이 같이 노는 것이 줄어들더니, 그 아이는 마침 다른 아이가 눈에 보였는지 세준이를 버려두고 다른 아이와 놀겠다며 가버렸다. 혼자 남겨진 세준이는 괜히 골이 난 모양이다. 아빠한테 신경질을 내며 아빠가 자기와 잘 안 놀아줬단다.

"아니, 내가 언제 놀라고 한 것도 아닌데, 왜 나에게 화를 내니?"

세준이가 아빠에게 짜증을 내는 데다가, 내가 싫어하는 모습까지 보게 되니, 나 역시도 화가 막 치솟은 모양이다. 평소 내지 않는 화를 버럭 내면서 세준이를 혼내니, 세준이도 깜짝 놀란 모양이다. 집에 와서도 계속 눈물을 흘리며 제 엄마에게 하소연했다.

아내가 우는 아이를 달래고, 나에게 왜 화를 냈는지 이유를 물어봐도, 아직 화가 가시지 않은 나는 세준이에게 여전히 분노를 쏟아냈다. 앞서도 얘기했지만, 머릿속으로는 세준이에 대한 화가 아니라, 세준이에게서 발견한 나의 모습에 대한 화라는 것을 이미 알고 있다. 또 아이에게 그 화를 쏟아내는 것이 잘못이란 것도 알지만, 생각보다 그 분노가 쉽게 사라지지 않았다. 그래서 밖에 나가서 한참을 걷다 들어왔다. 어린 시절 남들에게 쉽게 휘둘리고, 남들의 요청을 거절하지 못했던 내 모습이 자꾸 떠올라 괴로웠다.

그럼에도 곰곰이 생각해보면 아이에게 화를 낸 것은 내 잘못이 맞다.

아이는 아이이고, 나는 나다. 아이에게서 내가 싫어하던 내 모습을 보았다 하더라도 아이가 내가 되는 것이 아니다. 내가 아이를 평생 책임질 수도 없는 노릇이고, 설령 내가 싫어하는 내 모습을 닮아간다 해도 내가 해결해줄 수 있는 문제도 아니다. 결국 본인이 오롯이 해결해야 할 문제다. 다만, 부모로서 조언 정도만 해줄 수 있는 것이다. 그럼에도 나는 아이에게서 내가 싫어하는 나의 모습을 발견하곤 화를 낸 것이다.

게다가 아이가 혼자 남겨졌을 때 아빠로서 아이를 챙겨주고 같이 놀아줘야 했었다. 물론 내가 놀다 가라고 한 것은 아니지만, 최소한 아이의 마음을 이해하고 내가 나서서 다독여줘야 했던 것이다. 그리고 그 상황에 대해, 같이 놀자고 하더니 다른 아이와 놀겠다고 바로 가버린 그 아이가 잘못한 것이고, 앞으로는 네 몸 상태가 더 중요하니, '오늘은 내가 힘들어서 안 되겠다. 다른 날에 같이 놀자.'라고 당당하게 네 의견을 말하면 된다고 알려줬어야 했던 것이다.

'남들에게 휘둘리지 말고, 너를 최우선으로 생각하고 너의 생각대로 주관적으로 행동하면 된다. 그리고 남들에게 네 생각을 말하는 것이 어렵다면 아빠와 같이 연습을 해보자.'라고 조언을 해줘야겠다고 생각했다. 세준이 같은 경우, 집에서야 나와 아내가 이야기를 잘 들어주다 보니, 자신의 의견을 잘 표현하고 당당하게 행동하는 편인데, 친구들과 놀 때도 자신 있게 행동할 수 있도록 도와줘야겠다는 생각을 했다.

 그렇게 생각을 마치고 집에 들어가니, 아이는 많이 진정된 모양이다. 그럼에도 화를 낸 아빠가 무서운지 나를 보고는 쭈뼛쭈뼛한다. 아이를 불러서 내가 생각했던 것들을 천천히 들려주었다. 아이도 자기가 아빠에게 괜히 화를 낸 부분은 잘못했단다. 그리고 앞으로는 서로 화를 내지 말고 이렇게 말로 잘 풀어가자고도 약속을 했다. 아빠로서 부족함을 채우고, 더욱 성숙해질 수 있도록 오늘도 기도해본다.

아들에게

...

'세준아, 네가 어떤 모습을 보이든,
아빠는 너라는 존재 자체를 사랑한단다'

5

지금이 아빠의 가장 행복한 시간이란다

아이를 키우다 보면 부모로서 내 꽃다운 인생이 훌쩍 지나가버리는 것은 아닌지 가끔 겁이 날 때가 있다. 아이들과 부대끼며 이리 치이고, 저리 치이고 나면 어느새 하루가 저녁이 되어 있다. 오늘 하루 도대체 뭘 했는지도 모르겠는데, 아이들을 재우고, 그때서야 씻으러 간 화장실 거울에서 피곤에 찌든 내 얼굴을 보곤 한다.

내 하루 일과를 간단하게 적어보면, 아침 6시 30분에 일어나서 약 30분 동안 출근 준비를 하고, 7시에 나와 약 1시간 거리의 직장에 출근한다. 예전에는 지하철을 타고 다녔는데, 버스로 가는 것이 한 달에 약 2만 원 가량을 절약할 수 있다는 것을 알고, 요새는 조금 불편하더라도 버스로 다닌다. 4시에 퇴근하고, 집에 오면 오후 5시. 허겁지겁 두 아이들을 픽업하러 가야 한다. 픽업이 그나마 제일 쉬운 일 같지만, 요새 둘째 녀석 때문에 픽업도 보통 일이 아니다. 이제 19개월인 둘째는 자기가 하고 싶은 대로 하겠다고 난리를 치기 때문에 첫째가 타고 오는 유치원 버스가 서는 곳까지 둘째를 안고 가야 한다. 거기 가서 대기하다가 첫째가 오면, 한 손으론 첫째 손을 잡고, 다른 한 손으론 둘째를 안아서 집에 온다. 그 후, 두 녀석을 집에 데리고 와서 잠깐 좋아하는 TV프로그램 한 편(약 15분 정도) 보여주면서 그 시간에 두 아들들 먹일 음식을 해낸다.(재료는 미리 전날 다 준비해놓고, 얼른 요리만 하면 되게끔 해놓는다.) 아내가 보통 6시 무렵에 집에 오는데, 그 사이 아이들이 배고파하기 때문에 가급적 5시 30분에 저녁을 먹이고 있다.

아이들이 TV를 다 보면 그날 볼 수 있는 영상은 끝이다. 두 아들을 식탁에 앉혀서 밥을 먹이기 시작한다. 당연히 두 녀석들은 밥을 잘 안 먹으려 하고, 여기서부터 약간의 피곤과 짜증이 밀려오기 시작한다. 큰 놈은 책을 읽겠다면서 방에 갑자기 들어가서 안 나오질 않나, 둘째 놈은 컵에 물을 따라 달라고 해놓고선 그 속에 손을 넣어서 휘휘 젓고 있지 않나 한 바탕 전쟁이 시작된다.

어찌어찌 밥을 다 먹이면, 이제는 다음 전쟁이 기다린다. 둘째아들의 얼굴과 옷에는 흘린 밥풀과 반찬들이 가득 묻어 있다. 얼른 옷을 벗겨서 씻기고 나면, 바로 다음 차례는 큰아들의 양치다. 겨울에는 이틀에 한 번씩 목욕을 하는데, 목욕을 하는 날에는 아들들을 한 명씩 데리고 들어가서 목욕을 시키고, 끝나면 밖에서 대기하고 있는 아내에게 넘긴다. 큰아들 세준이는 여섯 살이어서 이제 안기도 버거운데, 여전히 아빠가 안아서 머리를 감겨주는 것이 세상에서 제일 행복하다고, 한 번만 안아서 머리를 감겨달라고 매번 다리를 붙잡고 애원하는 통에, '그래, 내가 언제까지 이 녀석을 안을 수 있겠나. 이번이 마지막이다.' 하는 생각으로 큰아들을 안고 머리까지 감겨준다.

목욕이 끝나면 이제 본격적으로 아이들과 놀아줘야 하는 시간이다. 아들들은 워낙 에너지가 넘치다 보니, 아빠가 몸으로 놀아줘야 한다. 서로 아빠를 차지하겠다고 달려드는데, 그 중 한 명과 중점적으로 놀다가는 다른 한 아이가 삐치기 마련이다. 분위기를 봐가며, 두 아들 사이에서 균형을 절묘하게 맞춰야 한다. 보통 큰아들 쪽으로 무게 비중을 좀 더 둬서 같이 놀아주면 두 아들 모두 만족하는 편이다. 이렇게 놀다가 간식까지 먹이고, 양치까지 다 시키고 나면, 이제 하루 일과가 거의 마무리되어간다. 큰아들은 수학 문제 풀기와 영어 수업 듣기를 나와 하러 가고, 둘째아들은 엄마에게 안겨 책을 읽는다.

저녁 9시, 드디어 둘째아들이 자러 가는 시간이다. 아내가 둘째를 안고, 재우러 들어가면, 이제 내가 세준이와 1시간 놀아줘야 한다. 요즘 즐겨하는 게임인 포켓몬고 동영상도 찍어서 세준이가 운영하고 있는 '세주니 TV' 유튜브 채널에도 올려야 하고, 같이 재미있는 책도 읽어야 한다. 그러다 10시가 되면, 드디어 큰아들도 자러 들어가는 시간이다. 그러나 여기서 끝이 아니다. 침대에 누워서 큰아들이 외친다. "아빠, 이야기요."

이야기 없이는 잠을 자지 않겠다는 결연한 의지를 보이니, 어쩌겠는가. 어제 하다만 수호지 이야기를 계속 이어간다. 오늘은 등장인물 중 하나인 '무송'이란 호걸에 대해 이야기했는데, 내일은 누구를 이야기해야 하나. 점점 소재거리가 떨어져간다. 호랑이를 때려잡은 무송 이야기를 하다 조선에도 호랑이를 때려잡은 힘 센 무장이 있다고 '이징옥'이란 장수의 이야기까지 꺼냈다.(이럴 때는 온갖 책을 잡다하게 읽었던 어린 시절의 나를 칭찬해주고 싶다.) 그제야 만족했는지 조금 있다가, 큰아들이 잠들고 나면, 아내와 나는 거실에서 서로 임무를 완수하고 무사귀환했다는 생존 신고를 한다.

그리고 그때부터 아내와 나는 각자의 취미 생활을 즐기기도 하고, (나 같은 경우는 보통 글을 쓰곤 한다.) 가볍게 같이 맥주 한잔을 하기도 한다.

이런 생활이 거의 매일 지속된다고 생각해보라. 사실 2022년이 어제 시작한 것 같았는데, 지금 글을 쓰는 12월 초가 언제 이렇게 왔는지 모르겠다. 다만, 그래도 육아의 업무 강도가 점점 더 편해지는 중이다. 2022년 초만 해도 둘째아들이 이유식을 먹어서 이유식 만드는 것이 엄청난 일이었는데, 지금은 그래도 어른 밥과 비슷하게 먹으니 그것만으로도 일이 크게 줄어든 셈이다.

그런데, 이렇게 아이들을 키우다 보면, 어느새 부모는 나이를 먹어가고, 작년과 올해가 또 다르다. 작년에는 어찌어찌 더 잘 버텼던 것 같은데, 올해는 왜 더 힘든지 모르겠다. 1년 사이에 더 몸이 말을 안 듣는다. 가끔은 너무 힘들어서 그냥 한 명만 낳을 걸 생각했다가도, 재롱부리는 둘째를 보면 또 얼마나 귀엽고 사랑스러운지 모르겠다. 둘째는 무조건 사랑이라는 육아 선배들의 말이 새삼 진리라는 생각을 많이 한다. 첫째에겐 미안하지만 첫째가 두세 살일 때, 처음 하는 육아가 힘들어서 화도 몇 번 냈던 것 같은데, 둘째에겐 화를 낸 적이 거의 없다. 그냥 우쭈쭈 하면서 키워왔다.

사실 솔직히 말하자면 나에게는 직장일보다 육아가 더 힘들다. 그래서 어떨 때는 아이들이 얼른 좀 컸으면 하고 생각할 때도 있었다. 아이들이 좀 커서 초등학교, 중학교에 가고, 자기들이 알아서 이것저것 척척 해내면, 그때는 우리 부부도 우리끼리 데이트도 하러 가고, 여유로운 시간을 좀 가질 수 있게 되지 않을까 싶었다. 그런데 그때쯤 되면, 우리도 나이를 어느새 상당히 먹었을 테니, 그것도 또한 고민이다. 결국 지금 이 순간이 어떻게 보면 우리 인생의 거의 막바지 황금기인데, 이렇게 육아와 함께 정신없이 흘러가는 것이다. 그래서 때로는 처가나 본가에서 아이들을 도맡아 키워주셔서 여유 있게 자신만의 시간을 가지는 다른 아빠들이 부러울 때도 있었다.

그러나 내가 이렇게 적극적으로 육아에 참여를 함으로써 보람을 느끼는 부분이 훨씬 많다. 우선 아이들과 긍정적인 관계를 형성할 수 있었다. 예컨대, 두 아들의 경우, 아빠와 매일 신나게 놀다 보니, 서로 아빠를 차지하려고 난리다. 둘째 세환이 같은 경우, 말을 아직 못해서 내가 앉아있기라도 하면 어느새 내 옆에 와서 내 손을 잡아끌며 자기랑 같이 놀자고 한다. 첫째 세준이는 내가 세환이와 같이 책이라도 읽고 있으면 자기도 같이 책을 보겠다면서 어느새 내 품으로 기어들어오곤 한다. 아이들과의 이런 관계는 만약 내가 육아휴직을 하지 않았더라면 결코 형성될 수 없었을 것이다. 또 나 역시도 아이들에 대한 정이 이렇게 커지지 못했을 것이다. 육아휴직을 통해 아이들과 하루 종일 부대끼며 지냈던 것이 그 당시에는 힘들었을지 몰라도 아이들과 끈끈한 정과 사랑으로 이어진 깊은 관계가 될 수 있었던 것이다.

게다가 내가 이렇게 아이들과 매일 부대끼며 대화하고, 놀아주는 것이 아이들의 정서나 사회성 발달에도 매우 큰 도움이 된다고 생각한다. 예 컨대, 나는 두 아이들에게 사랑 표현이나 스킨십을 매우 자주 하는 편인 데, 두 아이들도 나를 따라서 표현이나 스킨십을 잘한다. 세준이는 엄마 가 힘들다 싶으면 어느새 뒤에 와서 어깨를 주물러주기도 하고, 내가 육 아에 지쳐서 잠시 쉬고 있으면 가만히 내 옆에 와서 귓가에 "아빠, 사랑 해." 하고 속삭이기도 한다. 또 한번은 아내가 할머니에게 용돈을 드렸는 데, 할머니가 돈을 안 받으려고 하셨나 보다. 세준이가 할머니에게 가만 히 가서는 "할머니는 나이가 많으시잖아요. 엄마가 할머니 생각해서 줬 는데 얼른 받아요."라고 말해서 할머니를 감동시키기도 했었다. 실제로 저명한 심리학자인 지그문트 프로이트는 아빠의 양육 참여가 매우 중요 함을 강조하였고, 이를 통해 아이들의 정서 지능이나 인성 발달에 큰 영 향을 미칠 수 있다고 말했다.

오늘만 해도, 둘째가 어제부터 고열에 콧물까지 계속 나서, 내가 아침 에 직장에 가자마자 모든 업무를 오전에 몰아서 해치우고, 오후에 염치 불고하고 조퇴하여 이렇게 둘째를 보고 있다. 아내는 어제 둘째가 밤새 고열에 시달리는 바람에 거의 잠 한숨 자지 못하고 출근을 했기에 내가 아내에게 이따 퇴근하고 장모님 댁에 가서 좀 자고 오라고 한 상황이다. 이제 조금 뒤, 첫째가 하원하면 나 혼자 둘을 데리고 놀아줘야 한다. 당연히 육체적으로나 정신적으로 무척 힘들지만, 그래도 이렇게 아이들과 함께할 수 있는 시간이 너무나 행복하고 보람차다. 무엇보다 지금 이렇게 아이를 키우는 순간이 언젠가는 지나간 세월이 될 수밖에 없기에 부모로서 지금 이 순간이 가장 소중하고 행복한 시간인 것이다.

아빠의
한마디

아들에게

…

너희를 키우면서 아빠의 청춘도 함께 자나가지만,
아빠에게는 지금 이 순간이 더없이 보람되고 행복한 시간이란다.

6

아이들에게 긍정적인 것만 물려주자

가끔 부모와 자식 간의 갈등이 극에 달해 전문가의 도움을 받고자 TV 프로그램에 나오는 경우를 몇 번 본 적 있다. 그런데 나오는 사례 중에 부모님이 아이들에게 어린 시절 자신이 그토록 싫어하던 자신의 부모님 모습을 자기도 모르게 답습하던 경우가 종종 있었다. 예컨대, 어릴 때 자주 손찌검을 당했던 한 아빠가, 나중에 자신이 부모가 되었을 때, 화가 나면 자신도 모르게 아이에게 손찌검을 하는 사례가 나왔는데, 그런 것을 보면, 새삼 아이는 결국 부모로부터 좋든 싫든 가장 큰 영향을 받을 수밖에 없다는 사실을 알 수 있다.

즉, 어린 시절, 부모님의 행동과 말을 통해 보고 배운 것들이 은연중 그 아이에게 내재되어 있다가 그 아이가 자라서 나중에 부모가 되었을 때, 어느 순간 발현될 수 있다는 것이다. 그렇다면, 나의 어린 시절, 나는 내가 봐왔던 부모님에게서 어떤 것을 물려받았을까.

내가 기억하는 나의 가장 어린 시절은 지방 광역시의 조그만 동네에 위치한, 마당이 있는 꽤 널따란 단독 주택에서 부모님과 누나, 동생 이렇게 다섯이서 꽤나 재미있게 살았던 때이다. 내가 대여섯 살 정도였을 무렵, 여름이면 마당 배수구를 막아놓고, 물을 잔뜩 받아 온 마당을 물바다로 만들어 거기서 물장난을 치며 놀곤 했었다. 그러다가 내가 초등학교 1학년에 입학할 무렵, 어머니께서는 자식들의 교육을 위해 아버지와 떨어져 사는 것을 감수하고, 혼자서 자식 셋을 데리고 서울로 올라오셨고, 자식들을 키우면서 억척스럽게 생활을 해나가셨다. 서울로 올라와 처음 지하 단칸방에 자리를 잡은 날, 집에서 온수가 나오지 않아 대중 목욕탕에 가서 목욕을 하고, 학교로 등교했던 기억이 아직도 선명하다.

당시 초등학교 교사이셨던 아버지는, 가족들과 떨어져 섬에 발령받아 근무하고 계셨고, 한 달에 한 번 자식들을 보러, 토요일 오후에 배와 버스를 타고 10시간 넘게 걸려 서울로 올라오셨다. 밤에 잠들어 있으면, 한밤중에 아버지가 집에 오셔서 잠든 우리들을 내려다보고 계셨던 기억이 난다. 그리고 다음날이면, 아침밥을 드시고, 다시 10시간 넘게 걸려 섬으로 돌아가셨다.

그런데, 문제는 당시 어머니께서 자식들의 교육을 위해, 강남, 그것도 대한민국에서 잘 산다는 사람들이 모여 산다는 서초동으로 이사를 가신데 있었다. 사는 수준이 좀 비슷한 동네였으면 좋으련만, 워낙 차이가 많이 나는 곳에서 시작하다 보니, 어린 시절에는 아무래도 기가 많이 죽고 주눅이 들어 있었다. 서초동의 한 다가구 지하 단칸방에서 살았었는데, 학교 친구들이 다들 잘살다 보니, 학교에서 우리 집이 가장 가난한 상황이어서 어려운 학생에게 주는 지원금을 우리가 종종 받아오곤 했다. 또 내가 중학교를 다니던 무렵, 그 당시에는 학생이 반장이나 부반장을 하면 학부모가 학부모회 모임에 어느 정도 돈을 내는 게 관행이었다. 그런데 당시 나는 부반장이었지만 형편이 어려워 그런 돈은 꿈도 꾸지 못했고 결국 교무실에 불려가는 일도 있었다.(지금 생각하면 말도 안 되는 일이지만, 그때는 촌지가 빈번한 시대였다.) 그때 얼마나 부반장을 했던 것에 대해 후회했는지 모른다. 덕분에 나는 어린 시절부터 일찍 철이 들어서 돈을 아끼는 습관이 몸에 배어 있었다.

몇 년 동안 떨어져 계시던 아버지도 드디어 수도권으로 학교를 옮기셨고, 온 가족이 합심하여 악착같이 돈을 모으며 절약하다 보니, 집도 조금씩 형편이 좋아지기 시작했다. 지하 단칸방에서 2층집으로, 2층집에서 빌라로, 빌라에서 아파트까지 조금씩 이동해왔다. 내가 대학생이 될 무렵은 아파트로 처음 이사를 갔던 시절이었다. 처음 살아보는 아파트가 무척 좋아서 며칠 동안 가슴이 두근거렸던 기억이 난다.

그런데 어릴 때는 부모님이 돈을 너무 아끼는 것이 싫었다. 어디를 가든, 돈을 쓰면서 놀아본 적이 없었다. 심지어 이런 일도 있었다. 아버지에게 다섯 장의 공연 티켓이 생겨서 가족끼리 그것을 보러 갔다가, 공연장 입구에서 다른 사람들에게 그 표를 팔고, 공연 대신 그 근처 공원에서 산책을 하고 집으로 돌아갔던 적도 있었다.(사실, 가족들이 다 같이 공연을 본 경험이 단 한 번도 없다. 아마 그때가 가족들이 다 같이 공연을 볼 수 있는 유일한 기회였는지도 모른다.) 아버지랑 같이 놀이공원을 가도, 단 한 번도 자유이용권을 끊고 놀아본 적이 없었다. 간신히 입장권만 사서, 여기저기 걸어다니며 구경하다가 집으로 돌아온 것이 그나마 몇 번 있었던 아버지와의 추억이다.

그러나 아버지와 어머니의 이런 악착 같은 절약 정신으로 우리 집안 형편도 조금씩 펴지기 시작했다. 어릴 때부터 일찍 철이 든 우리 형제들은 학원 같은 곳을 다닐 생각은 아예 처음부터 하지 않았고, 나 같은 경우는 어릴 때부터 돈이란 도대체 무엇인지, 그리고 어떻게 하면 돈을 많이 벌 수 있는지에 대해 생각을 많이 했던 것 같다.

특히 지금 떠올려보는 어린 시절의 내 모습은 어떻게 보면 부끄러움의 연속이었다. 부끄러움 속에 위축되고 주눅 든 모습이었다. 학기 초에 가정환경조사서를 내야 하는 날이면 선생님이 꼭 맨 뒤에서 걷어오라고 말씀하시는데, 혹시라도 다른 아이가 우리 집 환경에 대해 알게 될까 봐 노심초사하곤 했었다. 부모님이 미울 때가 있었고, 왜 우리 집은 이렇게 가난한가 하는 생각도 많이 했었다. 아마 부모님의 마음은 더 힘들고 아팠을 테지만, 그때는 그런 것을 생각하지 못하고, 철없이 행동했던 적이 많았다.

언젠가, 내가 초등학교 소풍을 갔을 때, 엄마와 함께하는 보물찾기 시간이 있었다. 다른 아이들은 엄마와 같이 왔는데, 나는 엄마가 잠깐 오셨다가 일 때문에 금방 가서, 혼자였다. 그런데 운 좋게 내가 보물찾기 종이를 발견한 것이었다. 그 종이를 가져다 내면, 상품을 받을 수 있건만, 혼자서 그 종이를 들고 가기가 민망했던 나는 그 종이를 가져다 내지 못하고, 몇 번이고 그 장소에 혼자 가서 종이가 아직 그대로 있는지만 확인했다. 그러다가 어느 순간 누군가 그 종이를 가져가고, 어린 마음에 기분이 너무 안 좋아서, 집에 가서 애꿎은 엄마에게 괜히 신경질을 냈던 적이 있었다.

그럼에도 우리 자식들이 엇나가지 않고, 각자 자신의 분야에서 열심히 일을 하며 행복하게 살 수 있었던 이유는 아버지와 어머니의 자식들에 대한 헌신적인 사랑 덕분이다. 돈 때문에 힘들었던 적도 많았고, 때로는 감정적으로 혼내시기도 했지만, 그래도 언제나 자식들에게 아낌없는 사랑을 주셨다. 아버지와 어머니는 당신들을 위해서 단 1원이라도 써본 적이 없을 정도로, 엄청난 절약정신과 희생정신으로 우리 집을 이끌어가셨다. 물론 부모님이 좀 더 일찍 자본주의의 원리에 대해 눈을 뜨시고, 투자를 하셨다면 좋았으련만, 아버지는 절약만을 가장 미덕으로 알고 살아오신 분이어서, 그 점은 지금 생각해도 참 안타깝다.

이런 상황에서 어린 시절의 내가 부모님에게 물려받지 않았으면 했던 것들과, 그리고 물려받아서 좋은 것들에 대해 생각해보면,

우선 물려받지 않았으면 했던 것들로,

첫째, 부모님의 감정기복이 있다. 감정기복이 없는 사람이 세상에 어디 있겠느냐마는, 아버지는 그게 좀 더 심하셨던 것 같다. 아버지 당신의 기분이 좋으시면, 좀 더 관대해지고, 웬만한 것도 허용을 해주셨는데, 힘드시고, 기분이 안 좋으신 날에는 조그만 잘못에도 크게 혼나곤 했었다. 사실, 우리는 어릴 때 TV를 거의 본 적이 없는데, 그나마도 보고 싶었던 프로가 있으면 아버지의 기분이 좋아야 볼 수 있었기 때문에 그런 날이

면 아버지의 눈치를 살피는 것이 가장 중요한 일이었다.(그런데 나는 어릴 때부터 TV를 거의 보지 않았기에, 이것이 하나의 습관처럼 굳어져서 지금도 TV를 보지 않는다. 오히려 나에게 좋은 일이 된 셈이다.) 지금 생각해보면, 교사 외벌이 월급으로 자식 셋을 서울 한복판에서 키워나가는 것이 얼마나 힘드셨을지 잘 알기 때문에, 가끔 몸과 마음이 힘드실 때면 자식들에게 화를 내거나 부정적 감정을 전달하셨던 그때 아버지의 마음을 충분히 이해하지만, 그럼에도 아버지의 감정기복은 물려받고 싶지 않은 점이다.

두 번째로 지나친 통제와 억압이다. 물론 지금은 그 당시 어머니 혼자 자식 셋을 키워나가려면 어쩔 수 없이 어느 정도의 통제와 억압이 필요할 수밖에 없었을 것이라 이해하고 있다. 그러나 개인적으로 통제와 억압이 좋지 않다고 생각한 이유는, 나의 사례에 비추어봤을 때, 통제와 억압 속에 자란 아이는 자신의 의견을 내세우기 주저하고, 수동적인 아이로 크는 경향이 있기 때문이다. 게다가 어릴 때, 그렇게 성격이 형성되면 나중에 고치기가 생각보다 쉽지 않다. 물론 기질 자체가 원래 그런 것일 수도 있지만, 개인적으로 통제와 억압이 아닌, 자유와 책임이 아이들을 키우는 데 더 중요하고 필요한 것이 아닐까 생각한다.

부모님께 물려받아서 좋은 것은 다음과 같다.

첫째, 근성과 참을성이다. 가장 힘들었던 시절을 악착같이 버텨내고 이겨내신 부모님을 보면서 당연히 자식으로서 많은 것을 보고 배울 수 있었다. 특히 어떤 상황에서도 욕망에 휘둘리지 않고 참아낼 수 있는 것은 부모님께 물려받은 1호 자산이라고 생각한다. 부모님은 어떤 순간에도 외부 유혹에 휘둘리거나 흔들리지 않으셨다. 오로지 자식들을 위해 어떤 힘든 일이 있어도, 정말 참고 또 참으며 끈질기게 우리 가정을 이끌어오셨다. 아무리 힘든 상황이 있어도 절대 포기하지 않으셨다. 부모님에게 물려받은 근성과 참을성은 지금 내가 이렇게 성장하는 데 가장 큰 도움이 되었다.

둘째, 절약 정신이다. 우리는 어릴 때, 믿기 어렵겠지만, 단 한 번도 외식을 한 적이 없었다. 그 정도로 돈을 아끼고 절약하였다. 그렇게 모은 돈으로 한 단계씩 위로 올라가셨고, 나중에 우리 자식들이 살아갈 수 있게 밑바탕을 만들어주셨다. 이런 절약 정신을 어릴 때부터 부모님으로부터 보고 배웠기에 나 역시 살아가면서 함부로 돈을 쓰지 않고, 절약할 수 있었다. 나 같은 경우는 카드를 들고 다니면, 행여나 돈을 쓰게 될까 봐, 아예 지하철 정기권 하나만 들고 출퇴근한다. 그러다 보니 딱히 돈을 쓸 일이 거의 없어서, 아이들을 위한 것이 아니라면, 나를 위해서는 쓰는 돈이 거의 없는 편이다. 그렇게 모은 종잣돈으로 열심히 투자도 할 수 있었고, 투자를 하면서 아들들에게 물려줄 생각으로 틈틈이 적어두었던 부동산 투자 글들을 한데 묶어 『아들에게 들려주는 아빠의 부동산 이야기』라는 제목으로 책도 쓸 수 있었다.(아들들이 나중에 커서 그 책을 읽어보고 많은 깨달음을 얻었으면 한다.) 지금 내가 이렇게 행복하게 살 수 있게 된 것은 부모님께 물려받은 절약 정신 덕분이라고 생각한다.

부모는 자식의 거울이라고 한다. 내가 나이 들어보니, 나도 어느새 어린 시절, 내가 봐왔던 우리 부모님과 많이 닮아 있다. 간혹, 내가 싫어했던 부모님의 모습이 나에게서 보일 때면, 이런 것은 반드시 자식들에게 물려주지 말고, 내 대(代)에서 끊자고 생각한 것들도 있다. 특히 반드시 아이들에게 물려주지 말자고 생각한 것이 바로 감정기복에 따라 일관적이지 않은 모습을 보여주는 것이다. 나도 내 기분과 컨디션에 따라 아이들을 대하는 것이 달라질 때가 종종 있었다. 다행히도 아내는 나와 달리 감정기복이 심하지 않고, 감정에 거의 휘둘리지 않는 편이다. 늘 일관적으로 아이들을 대하기에 내가 아내를 보며 많이 배웠다. 덕분에 지금은 아이들을 감정적으로 대하지 않는다고 칭찬도 종종 듣고 있다. 그리고 아이들을 통제하거나 억압하는 대신, 가급적 자유를 주고자 한다. 대신 자유에는 책임이 따른다는 것도 분명히 가르쳐주고 있다.

이 땅의 부모님들이 처음부터 부모였던 것은 아니다. 부모 역시도 그들의 어린 시절이 있었고, 키워주신 부모님이 있으셨다. 부모들의 어린 시절은 어떠했는지, 어떤 것들을 자신의 부모님께 물려받았는지 한번쯤 생각을 해보고, 대대손손 물려줘야 할 것이 있는지, 아니면 반드시 고쳐야 할 것들이 있는지 생각을 해볼 필요가 있다고 생각한다. 그리고 우리 아이들에게 부모로서 긍정적인 것들만 물려줄 수 있으면 좋겠다.

아빠의
한마디

아들에게

...

너희에게 긍정적인 것들만
물려줄 수 있는 아빠가 되도록 노력할게.

아빠의 긍정 육아가 아이의 행복을 만든다

7

부모의 꿈을 아이에게 강요하지 말자

예전 학교에서 잦은 결석과 지각으로 선도위원회에 올라가게 된 한 학생과 상담을 한 적이 있었다. 생활지도부에서 근 10년 가까이 일해온 나로서는 소위 말하는 정말 많은 문제 학생들을 만나보았고, 그 중에는 그 지역구에서 이름만 대면 알법한 나름 짱을 먹고 있는 아주 엄청난 거물인 학생들도 있었다. 나름대로 다양한 학생과의 상담 경험이 쌓이다 보니, 그래도 학생들과 상담을 잘하는 편이라고 스스로 생각을 했는데, 유독 이 학생과는 상담이 무척 힘들었다. 이 학생은 앞서 언급한 소위 거물들처럼 딱히 큰 문제가 있는 것은 아니었다. 다른 학생에게 폭력을 쓴 것도 아니고, 욕설을 하는 것도 없었다. 교사에게 욕을 하거나 대든 것도 아니었다. 단지 무단결석이 많았을 뿐이었다. 참고로 대부분의 학교에서는 무단결석이 며칠 이상이면 선도위원회를 열어 징계를 내리는데, 이 무단결석이 누적되면 징계의 강도도 커진다.

그런데 이 학생은 무단결석이 그간 엄청나게 누적되어, 선도위원회가 몇 차례나 열렸음에도 불구하고 무단결석하는 것이 개선되지 않아, 사실상 가장 큰 징계(퇴학)만 남아 있는 상황이었다. 그러나 그럼에도 이 학생에게 마지막 기회를 주기 위해 생활지도부 교사들이 학생과 학부모를 상담하는 중이었다.

특히 내가 이 학생과의 상담을 힘들다고 느낀 이유는 바로 학생의 무기력함 때문이었다. 대화가 지속되기 힘들 정도로, 학생은 만사를 귀찮아했다. 계속 피곤해했고, 모든 질문과 조언에 "네."라고만 대답을 했었다. 그러다 보니, 상담 자체가 이뤄지기 어려워서 힘들었던 것이다.

겉보기에도 멀쩡하고, 그리고 심성이 나쁜 아이 같지도 않은데, 도대체 왜 저렇게 됐을까 하는 생각을 상담 당시에 많이 했었는데, 나중에 학생의 어머니와 상담하면서 상황을 어느 정도 이해하게 되었다. 이 학생 같은 경우, 아버지가 굉장히 공부를 잘하셔서, 인터넷에 이름만 치면 누군지 알 수 있는 한 분야의 대가이셨다. 또 할아버지가 매우 성공한 사업가라 집안이 매우 유복하다고 했다.(사실 이런 환경에서 어떻게 아이가 이럴 수 있느냐고 의문을 갖는 분들이 많겠지만, 실제 학교에서 문제를 일으키는 학생 중에 누가 봐도 좋은 환경에서 자란 학생들이 의외로 많다.)

그런데 어머니의 경우, 상담 당시 어머니의 표현을 빌리자면, 아버지처럼 어떤 분야에서 성공을 하시거나, 집안이 좋은 것도 아니라고 하셨다. 그러다 보니, 어머니가 심적으로 매우 부담을 많이 느끼셨단다. 특히 이번에 문제가 된 학생은 집안의 둘째인데, 첫째가 공부를 못해서 좋은 대학교에 가지 못하다 보니, 집안의 기대가 둘째에게 많이 갔다고 한다. 또 이 학생이 어릴 때는 공부도 잘하고 워낙 착한데다 어머니 당신의 욕심도 있고, 집안의 기대도 있다 보니, 상당히 많이 옆에서 압박을 하셨다고 한다.(말은 '상당히'라지만, 실제 얼마나 많은 압박을 줬을지 상상이 된다.)

또, 어머니 본인이 아버지와 달리 공부 쪽으로 뭔가 재능을 드러내지 못했다 보니, 학생이 자신을 닮아 공부를 못할까 많이 두려워 자신이 이루지 못했던 것들을 그 학생에게 많이 요구했다는 말씀도 솔직하게 하셨다. 그러다가, 언제부턴가 학생이 말도 안 듣고, 밤새 게임만 하더니, 이렇게 학교도 안 가고, 징계위원회까지 오게 되었다면서 눈물로 하소연을 하셨다. 더 안타까웠던 일은 학생이 다른 사람들에게는 무기력함으로 대응하는데, 정작 자기 엄마에게는 엄청난 분노와 원망을 마구 쏟아내는 모습을 보였다는 것이다.

나중에 그 학생은 결국 무단결석하는 것을 고치지 못하고, 자퇴를 하는 쪽으로 결론이 났는데, 그 과정 내내 나는 정말 마음이 편치 않았고, 그 학생의 세상일을 다 포기한 듯한 모습이 내내 마음에 걸렸었다.

도대체 무엇이 문제였던 것일까. 학생은 부모의 기대와 요구 그리고 질책에 마음의 문을 닫아버린 것처럼 보였다. 실패를 이겨내고, 다시 일어서야 하건만, 본인 스스로가 자신을 실패자로 낙인찍고, 세상과 담을 쌓은 채, 부모에게만 분노와 원망을 토해내고 있었다. 부모님도 학생이 잘되길 바라는 마음에서 하신 행동들일 텐데 참 마음 아픈 일이 아닐 수 없다.

나는 이렇게 생각한다.

무엇보다 자식에게 부모의 꿈을 강요하면 안 된다. 내가 학교 생활지도부에 있으면서, 공부 때문에 부모-자식 간에 갈등을 겪는 경우, 십중

팔구는 부모가 자신의 꿈을 자식들에게 강요하는 경우가 많았다. 특히 부모가 자신의 열등감이나, 부족한 부분을 자식들을 통해 채우려고 하는 경우가 많았었는데, 이런 경우 자식들이 어릴 때야 부모의 요구가 먹혔겠지만, 자식들이 어느 정도 커서 중학생, 고등학생이 됐을 경우, 오히려 부모와의 사이가 멀어지고 갈등이 깊어지게 되는 경우가 많았다. 앞서 말한 학생의 사례 역시 어머니가 당신의 원하는 바를 자식에게 강요한 부분이 있었다.

'자식은 자식이고, 나는 나다.'란 생각을 가져야 한다. 한마디로 자식과 나를 동일시하면 안 된다는 뜻이다. 많은 부모들이 자식을 자신과 동일시하면서 끔찍이 아끼고 사랑한다. 문제는 자식과의 동일시가 단순히 사랑에 그치지 않고, 부모가 못 이룬 바를 자식을 통해 실현시키고자 하는 것까지 나아가는 것이다. 자식의 인생은 자식의 인생이고, 부모의 인생은 부모의 인생이라는 것을 꼭 명심했으면 한다. 자식은 부모와 다른 별개의 인격체이고, 잘하는 것, 좋아하는 것 등이 모두 다 다르다. 자식의 적성과 흥미, 가치관 등을 존중해야 한다.

나 같은 경우도 그 당시 상담을 통해 많은 것을 느끼고 뉘우쳤다. 사실, 나는 영어에 많은 한(?)이 서린 사람이다. 중·고등학교 때 공부를 나름대로 곧잘 했었던 나는 유독 영어 듣기를 정말 못했다. 국어나 수학,

심지어 영어 독해 같은 경우는 상위권을 유지하고, 성적도 잘 나오는데, 이상하게 영어 듣기의 경우 아무리 해도 성적이 잘 나오지 않았다. 아무리 영어를 들어봐도 도대체 이게 무슨 말인지 이해하지 못하는 경우가 많았다.

그런데 그 당시 나는 영어 듣기가 잘되지 않는 것에 대해, 더 열심히 노력하고 잘할 수 있는 방법을 찾는 것이 아니라, 오히려 영어 듣기를 잘하지 못하는 것에 대해 점차 당연한 것으로 받아들이고, 자꾸 회피하는 쪽으로 대응했었다. 결국 수능에서 국어와 수학에서 매우 우수한 성적을 받고도, 영어 듣기에서 여러 개를 틀리는 바람에 원하는 대학에 가질 못했다.(그 와중에 영어독해는 다 맞았는데도 말이다.) 그러다 보니, 영어라는 것에 내 나름의 한이 생겨난 것인데, 이런 실패를 아이들이 겪지 않았으면 하는 생각에 큰아들 세준이가 어릴 때부터 영어 공부를 하는 것에 내가 꽤나 많이 관여를 했던 것이다. 영어 듣기부터 단어, 회화까지 아이가 영어 공부를 열심히 하도록 아이를 혼내기도 하고, 아이가 정해진 영어 공부량을 채울 수 있도록 강요했다. 이것도 사실, 내 욕망과 열등감을 아이에게 투영한 것이고, 아이를 통해 나의 영어에 대한 한을 풀고자 한 것이다.

심지어 그런 상황에서도 나는 나의 그런 행동들이 모두 아이를 위한 사랑에서 나온 것이라고 생각했었다. 가장 중요한 것은 아이가 영어 공부를 하고 싶은 마음인데도 말이다. 아이가 원치 않으면 내가 그렇게 강요를 해서는 안 되는 것이었다. 새삼 나의 행동을 반성한다. 그리고 다짐한다. 아이에게 혹여 내 생각과 내 욕망을 강요하진 않았는지 늘 성찰하고, 그런 부모가 결코 되지 않겠다고 말이다.

아빠의
한마디

아들에게

...

너희들의 꿈이 무엇이든지,
그 자체로 언제나 믿고 응원할게.

8

시간이 지날수록 더 빛을 발하는 것들을 위해

어린 아들들을 보면서, 가끔 이 아이들이 자라서 내 품을 떠날 때를 떠올린다. 큰아들 세준이는 벌써 여섯 살이라고 제법 혼자 많은 일을 해내지만, 아직도 아빠 옆에서 자고 싶어 하는 걸 보면, 아직 아기구나 싶다. 옆에서 잠든 아들들의 사랑스러운 모습을 보면, 어느새 육아의 힘듦을 잊게 된다.

이 아이들도 언젠가는 커서 사랑하는 사람을 만나게 되고, 결혼도 하며, 그리고 하나의 가정을 이루게 될 것이다. 어엿한 성인으로서 이제 한 집안의 가장이 되는 셈이다. 하나의 가정을 이루게 된다면, 이제는 모든 결정을 혼자 내릴 수는 없다. 바로 옆에 있는 동반자와 같이 의논해서 모든 일을 결정해야 가정이라는 큰 배를 거친 파도 속에서 목적지까지 잘 항해해서 갈 수 있다.

예컨대 재테크와 관련해서 생각을 해보면, 남편 혹은 아내가 반대해서 집을 사지 못했고, 심지어 가지고 있던 집도 팔았는데, 그 후 부동산 폭등기를 거치면서 부부 싸움이 잦아지고 부부 간 갈등의 골이 깊어진 사례를 심심치 않게 찾아볼 수 있다.(이와 반대로 한 명이 강하게 주장하여 집을 샀는데, 오히려 집값이 크게 하락하여 부부 간 갈등이 발생하는 경우도 있다.)

부부가 중요한 일에 대해 함께 의논해서 결정을 내리고, 그 결정에 대해 서로가 비난하지 않는 것으로 이야기를 나누었다면 좋았을 텐데, 그러질 못한 것이다. 실제로 나도 중요한 결정을 내리기 전, 아내와 꼭 의논을 한 뒤에, 최종 결정을 한다. 이때 설령 잘못된 결정을 내리더라도, 모두 공동의 책임이니 절대 서로를 비난하지 말고, 같이 잘 헤쳐나가면 된다는 말도 주고받는다.

또한 재테크라든지, 자식 교육이라든지 이런 저런 중요한 일들이 잘 풀리고 있는 집들을 보면, 부부가 합심하여 한마음 한뜻으로 같은 목표를 향해 달려가는 경우가 거의 대부분이다. 나는 우리 아들들이 한마음 한뜻으로 함께 노력할 수 있는 그런 배우자들을 만나, 인생이라는 커다란 바다를 가정이라는 큰 배로 잘 항해할 수 있었으면 한다. 특히 나중에 아들들이 커서, 배우자를 선택할 때, 고려할 수 있는 가치들에 대해 생각을 해보면 다음과 같이 크게 3가지로 나눌 수 있지 않을까 싶다.

첫째, 언젠가는 대부분 변하는 것
둘째, 시간이 지나도 대체로 변하지 않는 것
셋째, 시간이 지날수록 오히려 더 빛을 발하는 것

첫째, 언젠가는 대부분 변하는 것으로 외모, 몸매, 돈, 집안 등을 들 수 있겠다. 외모와 몸매는 당연히 세월이 지날수록 변할 수밖에 없고, 보통 더 좋아지는 것이 아니라, 나빠지는 쪽으로 변화한다. 이건 자연의 섭리인 만큼 인간이 어떻게 할 수 있는 부분이 아니다. 돈과 집안도 마찬가지이다. 돈이 정말 많았던 사람도 투자를 잘못 한다든지, 돈을 헤프게 쓴다든지 하여 파산을 하는 경우도 있고, 돈이 정말 없었던 사람도 열심히 노력하여 큰 부자가 되는 경우도 있다. 당연히 돈도 변할 수 있는 부분이다. 집안도 마찬가지다. 영원히 좋은 집안도 없고, 영원히 나쁜 집안도 없다. 아무리 좋은 집안이라고 해도, 한순간의 잘못된 선택으로 몰락한 경우도 많기에 언젠가는 대부분 변하는 것이라고 생각한다.

둘째, 대체로 변하지 않는 것으로 성격을 들 수 있다. 성격은 대개 어릴 때 형성이 된 것으로 어른이 되어 쉽게 고치기가 어렵다. 그래서 어릴 때 보고 자랐던 부모님의 어떤 모습이 정말 싫어서 그런 점은 절대 닮지 않으려고 했는데, 어른이 되어서 어느새 부모의 그런 모습을 따라하고 있다는 것을 보고 충격을 받았다는 글들도 종종 올라오곤 한다. 나 역시 어릴 때 형성된 성격이 쉽게 고쳐지지 않았다. 다만 끊임없는 노력으로 성격의 부정적인 면을 좋은 방향으로 조금씩 변화시킬 수는 있을 것이다. 그렇지만, 어릴 때 형성된 성격을 완전히 바꾸겠다는 것은 정말 쉽지 않은 일이기에, 성격은 거의 변하지 않는 것이라고 생각한다.

셋째, 시간이 지날수록 더 빛을 발하는 것들이 있다. 우선 절약 정신 같은 것을 들 수 있다. 성인이 되어 사회생활을 하며 다양한 사람들을 만나다 보면, SNS 등에 자신의 쇼핑 사진 등을 올리면서 자랑하는 것을 좋아하거나 특히 남과 비교하며, 자신의 분수에 맞지 않게 과소비를 하는 사람들도 만날 수 있다. 요즘 프러포즈 트렌드가 고급 호텔에서 명품백과 명품반지를 가지고 하는 것이라고 하니, 얼추 계산해봐도 프러포즈하는 데만 몇천만 원이 들어갈 것이다. SNS에서 이렇게 자랑하는 사진이나 글들을 보면서, 이런 것을 똑같이 바라는 상대방을 만난다면, 나는 아무리 상대가 맘에 든다고 하더라도, 결혼 상대로는 조심했으면 한다. 만약 상대방이 이런 허례허식을 좋아하지 않고, 귀한 것들을 아낄 수 있는 절약정신을 가지고 있다면, 이런 것은 시간이 지날수록 더욱 빛을 발하는 귀한 가치가 된다고 생각한다.

또 함께 있을 때, 나를 편안하게 해주는 것도 시간이 지날수록 빛을 발하는 가치이다. 결혼을 하면 상대방과 좋든 싫든, 인생에서 가장 많은 시간을 함께 하게 될 터인데, 나를 편안하게 해주고, 상대를 배려해주는 사람이라면, 그 가치는 나이를 먹고 노인이 되어갈수록 더욱 귀하고 소중해질 것이다. 경제관념 역시 마찬가지이다. 돈이 소중한 줄 알고, 종잣돈을 모아 그 돈을 바탕으로 다른 돈들을 불러오게끔 할 수 있는 경제관념을 가지고 있다면, 그런 것들은 시간이 지날수록 더욱 빛을 발할 수 있는 가치 있는 것들이다.

물론 나 역시 상대의 외모나 몸매 같은 외적인 요소도 분명 중요하다고 생각한다. 서로 좋아할 수 있는 부분이 있어야 호감이 생길 수 있고, 연애도 시작할 수 있으며, 만나는 동안 행복할 수 있다. 그리고 분명 외모는 상대를 좋아할 수 있는 부분 중, 큰 역할을 차지하고 있다.

다만 나는 외모처럼 언젠가는 변하는 가치보다, 그 가치가 변하지 않고, 시간이 지날수록 더 빛을 발하는 가치들을 더 우선순위에 두라는 것이다.

만약 언젠가는 변하는 것들이 결혼을 결심하는 데 가장 큰 요인이었다면, 시간이 지나, 그것들이 변하게 되었을 때, 둘 사이의 사랑도 변할 수밖에 없는 것이다. 그 부분을 조심했으면 하는 것이다. 그리고 우리 아이들 스스로도 언젠가는 변할 수밖에 없는 것들에 집중하는 것보다 시간이 지날수록 더 빛을 발하는 것들을 갖추기 위해 노력했으면 한다. 또한 배우자는 평생을 함께할 사람이기에 언제나 서로 배려하고 의지할 수 있는 사람을 만났으면 한다.

아빠의
한마디

아들에게

…

"시간이 지날수록 더 가치가 커지는 것들을 우선순위에 두고
배우자를 만나길 바란다."

2장

두 아들 아빠의
슬기로운
긍정 육아 일기

1

아들아, 너는 다 계획이 있었구나

우리 집 아이들은 과일이라면 사족을 못 쓰는데, 아마 과일을 좋아하는 내 기질을 온전히 물려받지 않았을까 하는 생각을 하곤 한다. 어쨌든 겨울인 지금, 아이들이 가장 좋아하는 과일은 바로 귤이다. 나도 어린 시절에 과일을 매우 좋아했는데, 예전 어머니께서는 자식 셋을 위해 없는 살림에도 가락시장 같은 곳에 가셔서 자식들 먹일 과일을 몇 박스씩 사오시곤 했었다.(어머니가 과일을 몇 박스씩 사오시는 이유는 아래에도 언급하겠지만, 그 과일 박스가 사라지는 데 1주일도 채 안 걸리기 때문이다.)

한창 먹성 좋은 아이 셋이 얼마나 과일을 많이 먹겠는가. 거기다가 셋이서 경쟁이 붙어버리니, 귤 같은 경우 하루에 대여섯 개는 기본이요, 많이 먹을 때는 열 개 넘게 먹어서 손이 노랗게 된 적도 있었다. 그러다 보니, 귤 한 박스가 사라지는 데는 단 3일이면 충분했다. 나중에는 귤이 바닥을 보이면 마치 땅을 파고 자신만 아는 장소에 도토리를 숨겨놓는 다람쥐처럼, 귤을 미리 몇 개 빼돌려서 나만 아는 장소에 숨겨놓고 누나, 동생 몰래 먹기도 했다. 이처럼 귤에는 내 어린 시절의 추억이 깃들어 있는 셈이다.(참고로, 다람쥐는 자신이 도토리를 숨겨 놓은 장소를 잘 기억하지 못하기 때문에 도토리를 묻어 놓은 장소에서 도토리 나무가 곧잘 자란다고 한다.)

큰아들 세준이는 말할 것도 없거니와, 둘째아들 세환이도 귤이라고 하면, 얼른 달려와서 자기 입에 넣으라고 성화다. 특히 세준이 같은 경우에는 자기가 귤을 먹어보니, 껍질이 좀 말랑말랑한 귤들이 맛있었나 보다. 자기가 만져보고 껍질이 말랑말랑하다 싶으면 어김없이 자기가 고른 귤이라면서 얼른 집어들고 가버린다. 세환이 같은 경우는 아직 20개월의 아기이기 때문에 귤 한 조각을 온전히 다 먹을 수가 없어서, 가위로 반을 잘라 주는데 곧잘 받아서 잘 씹어 먹는다.

그런데 이상하게 며칠 전부터 세환이가 귤을 한 덩어리씩 크게 먹고 싶어 했다. 늘 하던 대로 귤 조각을 반으로 잘라서 주려고 하면, 이상하게 신경질을 내고, 울면서 생떼를 부리기까지 했다. 한마디로 귤 조각을 자르지 말고, 한 덩어리 온전하게 자신에게 달라는 것이다. 아니, 도대체 어떻게 먹으려고 하나 싶다가도 일단 한번 원하는 대로 귤 조각을 자르지 않고 줘보니, 그것을 들고, 냅다 자신이 안전하다고 생각하는 장소로 도망을 갔다.(아마 아빠가 귤 조각을 다시 가위로 자를 것이라고 생각했을 것이다.) 그리고는 거기서 귤들을 다 먹어치운 뒤에야 어슬렁어슬렁 나왔다.

도대체 어떻게 먹는지 하도 궁금해서 나중에 세환이가 귤을 먹는 모습을 슬쩍 보게 되었는데, 글쎄 그 큰 조각을 입에 넣어 귤의 즙을 짜먹는 것이 아닌가. 즉, 제 딴에는 귤 조각의 껍질이 맛이 없다고 생각했는지, 귤을 씹어서 귤즙만 짜먹고는 나머지 껍질은 뱉어버리는 것이었다.(세환아, 네가 즙만 빨아먹고 뱉어버린 바닥의 귤 조각 껍질들은 아빠보고 알아서 청소하라는 것이냐.)

'아, 그래서 그동안 귤 조각들을 먹기 좋게 반으로 잘라주면 그렇게 신경질을 내고, 화를 냈구나.' 하고 이제 세환이의 행동을 이해하게 되었다. 어떻게 보면 20개월 아기인 세환이도 자기 나름의 생각이 있고 계획이 있었던 것이다. 아빠한테 뺏길까 봐 숨어서 귤즙을 열심히 짜먹고 있는 세환이에게 플라스틱 그릇 안에 귤들을 담아주고, 즙을 짜먹고 남은 껍질은 그 안에 버리도록 시켰다. 그랬더니 세환이는 식탁에 앉아 좋다고 귤즙을 맛있게 짜먹기 시작했다. 나는 껍질은 먹고 싶지 않은 세환이의 생각을 존중해주었다.

저 어린 아이도 자신의 생각이 있고, 계획이 있는데, 하물며 유치원생이나 초등학생들은 어떻겠는가. 아이들도 하나의 인격체로서 자신들만의 생각이 있고, 그 생각에 기반해서 어떻게 행동할지 결정한다. 부모들은 아이들의 그런 생각과 행동을 존중해줘야 한다. 무엇보다 부모의 생각을 아이들에게 강요해서는 안 된다. 자꾸 옆에서 부모의 생각을 아이들에게 집어넣으면 아이들은 수동적이 되고, 자신의 생각과 의견을 내세우기가 어려워진다. 무엇보다 아이들이 자기 스스로 생각을 하고, 그에 따른 계획을 세웠으면, 그 계획을 인정해주고, 계획을 잘 실천해나갈 수 있도록 응원을 해줘야 한다.

우리 둘째아들 세환이의 경우도, 겉으로 말은 아직 못하지만, 자기 나름대로 '귤 조각을 감싸고 있는 껍질이 맛이 없네, 그런데 귤 조각을 입에 넣고 즙을 짜내면, 맛있는 부분(즙)만 먹고 남은 귤껍질을 뱉어낼 수 있구나. 그런데 아빠가 자꾸 귤 조각을 반으로 잘라서 입에 넣어주잖아. 안되겠다. 귤 조각 하나를 온전히 달라고 울어보자. 귤 조각을 하나 온전히 받아서 입안에 넣고 즙만 짜내 먹어야지.'란 생각을 한 것이 아닐까 싶다.

아들아, 너는 다 계획이 있었구나!

아이들의 생각과 계획을 존중할 줄 아는 그런 부모가 되길 소망한다.

아빠의
한마디

아빠에게

...

'부모의 생각을 아이들에게 강요하는 것보다
아이들의 생각을 그 자체로 존중해주는 것이 필요합니다.'

2

결핍의 경험을 통해 성장하는 아이들

요새 아들은 사춘기 되면 남남, 군대 가면 손님, 장가가면 사돈집 아들이라는 우스갯소리가 있다. 그만큼 남자 아이 육아의 어려움을 토로한 말이겠지만, 아들 둘을 키우는 내 입장에서는 쉽게 웃어넘길 만한 말이 아니다.

특히 아들을 키우면서 가장 큰 고민은 바로 이 아이들이 결혼을 할 무렵일 것이다. 아직도 사회 통념상 남녀가 결혼할 때 남자가 집을 해가는 것이 자연스러운 일이다 보니, 아들 한 명 장가보내는 것도 집안 뿌리가 흔들리는데, 아들 둘을 장가보내자면, 이건 어느 정도 여유 있는 집안이 아니고서야, 쉽지 않은 일인 것이다.

그러다보니, 아들 둘 키우는 집에서는 아들들을 결혼이라도 시키려면, 어떻게 해서든 집을 해줘야 하기 때문에 엄마들이 일찍부터 재테크에 눈을 뜨게 된다는 웃픈(웃기면서도 슬픈) 이야기도 있다.

그러나 키우는 과정에서 많은 돈이 들어가는 것이 아들만이겠는가. 딸도 마찬가지다. 요새는 옛날처럼 여러 명을 낳아 키우는 것이 아니라, 한 명만 낳아 키우는 것이 하나의 트렌드로 자리 잡다 보니, 아이들을 상전 모시듯이 받들어 키우는 경우가 많다.(참고로, 예전에는 자녀 세 명이 다자녀 가구로 인정받았는데, 이제는 두 명만 낳아도 다자녀라고 이런저런 혜택을 준다.)

그 귀한 자식을 키우는 과정에서 부모가 열심히 모은 돈들이 아낌없이 들어간다. 남들 다 다닌다는 영어유치원도 보내야 하고, 좋다고 하는 학원들도 다녀야 한다. 요새 강남의 영어 유치원에 입학하려면 입학시험을 치러야 하는데, 거의 중학생 수준의 실력을 요구한다고 한다. 좀 유명한 영어 유치원 같은 경우에는 그마저도 몇 달을 대기해서 들어가야 한다고 한다. 게다가 입는 옷만 해도, 아이들 사이에서 어떤 브랜드를 입었고,

그 옷은 얼마인지 서로 다 이야기를 나눈단다. 한 벌에 몇 백만 원이 넘는 점퍼도 아이들을 위해서 아낌없이 팔려나간다고 하니, 전 세계의 유명 브랜드들이 앞다투어 키즈 매장을 내는 것도 이해가 간다.

그런데, 그렇게 물질적인 것들을 풍족하게 채워주는 것을 과연 긍정적으로만 볼 수 있는 것일까?

내 생각은 이렇다.

첫째, 아이들에게 물질적 풍요를 단순히 채워주는 것이 아니라, 물질적 풍요를 이뤄낼 수 있는 방법을 가르쳐줘야 한다고 생각한다. 둘째, 물질적인 것도 중요하지만, 긍정적인 정신을 우선적으로 물려줘야 한다고 생각한다. 예컨대, 끈기와 근성, 포기하지 않는 정신, 누군가를 믿고 사랑하는 마음 같은 것들 말이다. 그리고 마지막으로 셋째, 아이들에게 결핍을 경험하게 해줘야 한다고 생각한다.

특히 나는 긍정적인 정신들은 긍정적인 것으로만 이루어지지 않고, 역설적으로 결핍도 함께 있어야 완성이 된다고 생각한다. 예컨대, 모든 것이 다 갖춰져 있고, 늘 성공만 해오던 아이라면, 나중에 커서 처음 실패를 경험했을 때, 생전 처음 겪어 보는 실패를 극복하지 못하고, 다시 일어서기 힘들 수도 있다. 오죽하면 옛말에 소년급제를 조심하라고 했겠는

가. 실패를 계속할지라도, 다시금 일어서서 그 실패를 이겨내본 사람들은 정신적으로 보다 완숙해지고 성장한다. 즉, 우리는 아이들에게 실패를 통해 결핍을 경험할 수 있게 해줘야 한다.

돈도 마찬가지다. 늘 부모가 풍족하게 주기만 했던 아이라면, 물질적 결핍의 상황이 왔을 때 견뎌내질 못한다. 인생은 굴곡이 있어서 풍족한 때가 있으면 부족한 때도 오길 마련이건만, 결핍을 경험하지 못한 아이들은 풍족한 때에만 맞춰져 있어서, 부족한 때가 오면 무너져버리는 것이다. 물질적 결핍 없이 자란 아이들이 나중에 커서 사업을 하다가 망했다고 해보자. 만약 가난과 물질적 결핍을 경험해본 사람이라면, 생활비나 주거비를 최소한으로 줄이고, 다시금 일어서기 위해 노력을 할 것이다. 즉, 이미 결핍을 경험해봤고, 가난이 어떤지 알고 있기에 시골의 초가집으로 이사를 가서 주거비를 극단적으로 아끼는 것을 두려워하지 않는다. 그렇게 해서 다시 돈을 모아 재기할 수 있는 것이다. 그런데 결핍을 경험해보지 못한 사람들은 가정 형편이 기울어가도, 절대 좁고 힘든 곳으로 이사를 가질 않는다. 아니, 못한다. 여전히 좋은 차를 몰고 다니면서, 하루만 살 것처럼 행동한다. 결핍 자체를 경험하지 않아 그 상황을 모르니, 결핍이 왔을 때 견디지를 못하는 것이다. 돈의 결핍을 알아야 돈을 더 소중히 여기고, 아낄 수 있다. 결핍을 통해 생활의 어려움을 겪어봐야, 어떤 위기 상황이 오더라도, 기꺼이 본인을 다시 어려웠던 생활 속으로 던져 다시금 일어설 수 있는 것이다.

아이들은 결핍을 경험해봐야 한다. 결핍을 경험해본 아이들이 충족의 소중함도 알고, 결핍을 채우기 위해 노력하는 모습도 보여줄 수 있다고 생각한다. 우리 아이들도, 자기들이 좋아하는 캐릭터 장난감을 무척 갖고 싶어서, 사달라고 떼를 쓴 적이 있었다. 그러나 우리는 단호하게 거절하고, 생일에 사주는 것으로 확답을 한 적이 있었다. 부모가 단호하게 나가니, 아이들도 부모의 말에 수긍하며, 자기들이 언제든 갖고 싶다고 모든 것을 다 가질 수 없다는 것을 알게 되었다. 그래야 나중에 원하는 것을 얻었을 때, 더 소중하게 여긴다. 언제든지 가질 수 있다고 생각하면, 그런 것들은 소중하게 여기지 않고 몇 번 놀고는 창고로 들어가기 마련이다. 결핍의 경험을 통해 욕구를 참고 버틸 수 있는 힘을 기를 수 있어야 한다.

다만, 여기서 주의할 점은 비록 결핍의 경험이 필요하다고 하지만, 그렇다고 아이들이 결핍 속에서만 자라는 것은 정말 조심해야 한다는 것이다. 결핍 없이 자라는 것도 문제이지만, 결핍 속에서만 자라는 것은 더 큰 문제라고 생각한다. 또한 결핍의 경험은 가급적 물질에 한해야 한다. 사랑과 믿음 등의 정신적 가치는 아이들에게 아무리 많이 주어도 지나치지 않는다. 결핍 없이 듬뿍 주도록 하자.

아빠의
한마디

아빠에게

...

"아이들에게 물질적 풍요로움만 제공한다면,
나중에 어려운 상황이 생길 때 아이들이 극복하기 어려울 수 있습니다."

3

집안의 일원으로서 집안일을 부여하자

큰아들이 이제 6살이 되어, 제법 자신의 일을 스스로 할 줄 안다. 양치도 자기가 거의 다 하고, 우리는 마무리만 해주고 있다. 또 목욕 후에 옷 입는 것도 바로바로 안 입고 딴짓을 자꾸 해서 그렇지, 충분히 스스로 자기 옷을 자기가 챙겨 입을 수 있게 되었다. 벌써 이렇게 컸나 싶어 대견하면서도, 나중에 성인이 되어 내 품을 떠나가면 그때는 속이 시원하면서도 왠지 모르게 서운하겠다는 생각을 미리 해본다.

주말 어느 날, 내가 건조기에 돌린 빨래를 가지고 와서 개고 있었다.

그런데 옆에서 놀고 있는 큰아들이 갑자기 오더니, 자기가 빨래 개는 것을 도와주겠단다. 내 생각에 큰아들이 옷은 개기가 좀 어려울 것 같고, 수건은 가능할 것 같아서, 수건 개는 법을 찬찬히 알려주었더니, 제법 잘 개고 있다. 그 후부터는 빨래를 한 날이면, 나는 어김없이 큰아들을 부른다. 큰아들도 이제 수건 개는 일은 자기가 할 일이라고 생각하는지, 군말 없이 와서 수건을 개놓고 간다. 그래서 하루는 큰아들 세준이가 어느새 이렇게 커서 우리 집안의 일원으로서 집안일을 잘 도와준다고 칭찬을 해주었더니, 집안의 일원이라는 말이 자기 딴에는 마음에 든 모양이다. 자꾸 자기는 집안의 일원으로서 일을 열심히 하고 있는데, 동생 세환이는 일을 하나도 안 도와주니, 아직 집안의 일원이 아니란다. 웃음이 나오는 것을 참고, 너도 동생 나이일 때에는 일을 도울 수가 없었다고 하니, 또 금세 수긍하는 분위기다.

이제는 빨래를 갤 때, 수건은 금방 개고, 동생 손수건과 턱받이까지 같이 개어주고 있다. 아이들은 자기에게 어떤 일이 주어졌을 때, 그 일을 해내면, 상당한 성취감을 느낀다고 한다. 특히 집안일을 아이들에게 부여하면, 아이들도 자신이 집안일을 일부 담당한다는 것에 책임감을 느끼고, 훨씬 더 열심히 한다고 하니, 빨래 개는 업무를 주길 잘했다 싶다. 나 같은 경우는 큰아들과 같이 빨래를 개니, 빨래 개는 일이 얼른 끝나서 좋고, 큰아들은 빨래를 개면서 자신이 뭔가 집에 도움이 되는 일을 했다고 생각하여 기분이 좋으니, 서로 win-win 하는 모양새다. 군소리 안 하고 아주 열심히 집안일을 돕고 있다.

그런데 다른 집 아이들을 봤을 때, 엄마 아빠가 하나부터 열까지 모든 것을 다 해주는 경우를 종종 보게 된다. 그러나 나는 아이들이 어느 정도 집안일에 참여하는 것이 중요하다고 생각한다. 예컨대 아이들에게 자신이 가지고 놀았던 장난감 청소라든지, 자기가 밥 먹은 그릇을 치우는 것 등은 최소한 본인이 하게끔 지도를 해야 아이들이 나중에 컸을 때에도 자기 방은 자기가 치우지 않을까 싶다. 무엇보다 아이들에게 뭔가 집안일을 주는 것은 집안의 일원으로서 책임감을 부여하는 좋은 일이 될 것이라 생각한다.

요즘에는 큰아들 세준이가 재활용 버리는 것까지 같이 도와주고 있다. 우리가 사는 아파트는 매주 1회 재활용을 버릴 수 있는데, 아무래도 아이가 둘이다 보니, 매주 쌓이는 재활용품들이 꽤 나오는 편이다. 예전에 나 혼자 재활용품을 버렸을 때는 두세 번 왔다 갔다 했는데, 이제 큰아이가 제법 꽤 많은 양을 들어서 옮겨주니, 한 번에 얼른 재활용을 버릴 수 있게 되었다. 재활용품을 버리고 같이 엘리베이터를 타면서 늘 큰아이에게 고맙다고 감사의 말을 전하는데, 그럴 때마다 큰아이는 얼굴 가득 뿌듯한 마음을 드러내곤 했다. 세준이에게도 자신이 집안의 일원으로서 뭔가를 돕는다는 것이 굉장히 기쁜 일이었던 것이다.

특히 나의 경우, 설거지나 빨래, 청소 등 집안일을 상당히 도맡아서 하는 편인데, 나 역시 나의 아버지를 보고 배운 것이다. 우리 아버지도 내가 어릴 때부터 엄마를 도와 집안일을 많이 도와주셨고, 그런 아버지를 보면서 나도 어릴 때부터 이런저런 집안일을 도와드리는 것을 당연한 것으로 생각했다. 만약 부모가 아이들에게 어떠한 집안일도 시키지 않고 키운다면, 집안일 한번 안 해본 아이가 나중에 결혼해서는 어떻게 집안일을 할 수 있겠는가. 그러다 보니, 다 늙은 부모님에게 또다시 자신의 집안일을 부탁하게 되는 그런 안타까운 경우를 주변에서 심심치 않게 보게 된다. 어릴 때부터 아이들을 집안일에 참여시키고, 집안의 일원으로서 책임감을 부여하는 것이 필요하다고 생각한다.

아빠의
한마디

아빠에게

...

"아이와 함께 집안일을 해보세요.
아이의 책임감도 길러줄 수 있고, 부모님의 고생도 알게 된답니다."

4

아이의 발달, 여유로운 기다림이 필요하다

요새 둘째아들 세환이 때문에 아내와 나는 걱정이 이만저만이 아니다. 다름이 아니라, 세환이가 이제 20개월을 향해 가는데, 아직도 할 수 있는 말이 '엄마', 그리고 아주 가끔 '아빠' 정도이기 때문이다. 며칠 전에 내가 세환이가 좋아하는 소방차 장난감을 책상 위에 올려놓았더니, 아주 다급하게 '아~빠!' 하고 외친 이후로, 또 '아빠' 소리를 듣기가 힘들다. 그러다 보니, 나도 아내도 걱정이 안 될 수가 없는 상황이다.

특히나, 아이가 말이 원체 느리다보니 주변에서도 세환이가 말이 너무 느린 것 아니냐면서 같이 걱정을 해주는데, 그럴 때마다 겉으로는 '언젠가는 하겠지.' 하며 대범한 척했어도, 마음속으로는 초조함이 사실 꽤 컸었다. 유튜브에서 아이의 느린 말과 관련하여 이런저런 동영상들을 찾아봤더니, 어느새 유튜브의 알고리즘이 관련 동영상을 죄다 보여주는 바람에, 밤새 말이 느린 아이에 관한 정보들을 찾아본 적도 있었다.

어떨 때는 마음 편히 기다리자 싶다가도 또 어떨 때는 우리가 혹시 세환이가 어릴 때 너무 자극을 주지 않아서 그런 것인가 자책하는 마음이 들기도 했다. 또, 첫째 때는 어릴 때 거의 미디어를 접하지 않게 했었는데, 아무래도 둘째는 형이 가끔 자기가 좋아하는 TV 프로그램을 보니, 제 형보다 더 일찍 그리고 더 많이 미디어를 접하게 된 것도 문제인 듯했다.

내가 세환이 관련하여 이런저런 걱정을 좀 하다 보니, 아내가 원체 대범하고 무던한 성격인데도, 요새는 옆에서 같이 걱정을 하고 있다. 조심스레, 한번 언어치료를 하는 곳에 데리고 가볼까 하는 말도 꺼내기에, 일단 조금만 더 지켜보자고 말했다.

그런데, 어제 아내가 나한테 말하기를, 세환이와 같은 어린이집에 다니는 비슷한 또래의 남자아이가 있는데, 그 아이도 말을 못해서 걱정이라는 말을 들었다는 것이다. 둘째를 하원시킬 때, 그 아이 엄마와 친해져서 이런저런 이야기들을 나눈 모양인데, 그 엄마도 요새 자기 아이의 말이 느린 것 때문에 걱정이다가, 아내와 대화를 하면서 서로 위안을 받았나보다. 아내가 표정이 전보다 밝아져서는, 요새 아이들이 전체적으로 다 말이 늦는 것 같다면서, 실내에서 선생님들이 모두 마스크를 쓰고 있어서 그런 것 아닐까 하는 합리적인 의견을 내놓았다.

생각해보니, 확실히 그런 점도 무시할 수 없겠다 싶었다. 세환이 같은 경우, 나와 아내가 맞벌이기 때문에 돌이 갓 지나서 바로 어린이집에 맡겼는데, 문제는 어린이집에 갈 무렵부터 코로나가 이미 퍼진 터라 모두가 마스크를 쓰고 있었다는 것이다. 하루 중 가장 오랜 시간을 마스크 쓴 사람만 보다 보니, 그런 점이 아이의 언어발달에 영향을 줄 수밖에 없었을 것이다.(세준이 같은 경우에는, 코로나도 없었고, 무엇보다 어린이집에 적응을 못해서 아내와 내가 육아휴직을 번갈아 하며 집에 데리고 있었다.)

그렇다고 마스크 때문에 말이 늦는다는 탓을 하려는 것은 아니다. 다만, 주변에 세환이처럼 아직 말을 잘 못하고 느린 또래가 있다는 말을 들으니, 놀랍게도 그 전에 계속 걱정하던 마음이 눈 녹듯 사라졌다. '그래, 시간이 지나면 자연스레 하게 될 거야. 그냥 지금 이 순간에 충실하며 열심히 책도 읽어주고 잘 놀아주면 되는 거지, 괜히 이런저런 고민거리들을 사서 걱정할 필요가 없어.'라고 생각하니 마음도 편해졌다.

새삼 예전 세준이가 기저귀를 처음 떼던 날이 생각난다.

세준이도 어릴 때, 기저귀를 한참 떼지 못해 애를 먹었었다. 주변 비슷한 또래들이 기저귀를 한참 전에 뗐는데도, 세준이 같은 경우에 새로운 경험을 좀 두려워하다 보니, 기저귀를 떼고 오줌을 싸거나, 응가를 하는 것을 거부했었다. 그나마 시간이 지나면서 변기에 오줌을 싸는 것은 적응을 했는데, 응가만큼은 변기에 앉아서 못하겠다고 계속 거부를 하고 있는 상황이었다. 아무리 달래고, 때로는 훈육을 해보아도, 응가할 때만큼은 다시 기저귀를 입혀달라고 떼를 쓰고 있었다. 그래서 큰아들 세준이가 기저귀를 차지 않은 느낌에 익숙해지도록, 평소에는 기저귀를 차지 않고 있다가 응가가 마려우면 그때는 기저귀를 채워주는 것으로 세준이와 나름대로 타협을 하였다.

그러다 세준이를 데리고 원주에 있는 계곡에 놀러간 일이 있었다. 한참을 신나게 놀다가 이제 집에 가려고 차에 올라탄 순간, 갑자기 세준이가 '아빠, 응가요.'라고 외쳤다. 문제는 가져온 기저귀가 다 떨어졌다는 것이다. 할 수 없이 세준이에게 들고 있던 수건(계곡에서 놀고 나서 물을 닦은 수건이다.)을 엉덩이에 대고, 수건을 기저귀라고 생각하고, 여기에 응가를 해보지 않겠냐고 물어보니, 도저히 수건 위에다가는 응가를 하지 못하겠단다. 그러면 기저귀도 없는데, 어떻게 하겠느냐고 물어보니, 자기도 모르겠단다. 그래서 마침, 저쪽에 공중화장실이 보이니, 저기 가서라도 응가를 해보겠느냐고 물어보니, 그제야, 저기 공중화장실이라도 좋으니, 빨리 가자고 한다. 많이 급하다는 말도 덧붙였다. 그래서 세준이와 급하게 뛰어서 공중화장실 변기에 앉아 응가를 처음으로 하게 되었다. 그런데, 처음 변기에 앉아 응가를 해본 경험이 그렇게 어색하고 나쁘지만은 않았나보다. 괜찮았냐고 물어보니, 할 만하다고 했다. 참고로, 처음 변기에 응가를 했을 때, 세준이가 다 쌌다고 해서, 아이를 데려와서 씻기고 있는데 그 와중에 대변 몇 덩어리가 더 나왔다. 아마 변기에 앉아서 응가를 해본 경험이 처음이라서 변기에 앉아 있을 때는 다 싼 줄 알았는데, 늘 응가하던 서 있는 자세가 되니, 그제야 응가가 더 나온 모양이었다. 덕분에 나는 바닥에 떨어진 똥을 휴지로 깨끗하게 닦아야 했다.

변기에 앉아서 응가를 해본 경험을 이렇게 하고 나니, 변기가 더 편하다는 것을 알았는지 그 다음부터는 응가가 마려우면 자기가 알아서 변기로 가게 되었다. 그렇게 힘들었던 기저귀 문제가 이 한 번의 해프닝으로 말끔히 해결된 것이다. 그때도 아이가 기저귀를 늦게 떼는 것에 대해 걱정을 했었는데, 막상 지나고 보니, 사실 별것 아니었던 것이다. 세환이의 말이 늦는 것도 어쩌면 이와 비슷하지 않겠나 싶다. 이 걱정들이 나중에 또 웃으며 하나의 해프닝으로 끝나길 간절히 기도한다. 그리고 생기지 않은 일을 걱정하는 것보다, 지금 이 순간을 아이들과 소중하게 보내고, 더 사랑을 주는 것에 집중하고자 한다. 조급해하지 않고, 자연스레 때를 기다리고자 한다.

아빠에게

...

"혹시 아이의 발달이 조금 늦더라도 조급해하지 말고,
마음 편히 기다리는 것이 필요하답니다."

5

어느 순간, 아이들은 훌쩍 커버린다

큰아들 세준이는 밤에 아빠와 같이 자는 시간을 가장 좋아한다. 아이가 자기 전, 늘 이런저런 이야기들을 들려주는데, 평소 『열국지』며, 『삼국지』, 위인전 등을 많이 읽어왔던 나는 옛날 가락을 살려서 아주 재미있고 실감나게 이야기를 풀어낸다.(물론 그 과정에서 상당히 많은 개작이 일어나기도 한다. 내가 잊어버린 부분이 있으면 내 마음대로 새로 지어내기도 한다.) 며칠 전 아들에게 『홍계월전』에 대해 한바탕 이야기를 들려줬었는데, 아들은 그 이야기가 꽤나 재미있었던 모양이다.

"아빠, 그 있잖아, 여자애가 남장해가지고, 전쟁에서 크게 이기고, 그런데 같이 살던 남자애는 그 여자애보다 못해서 화가 많이 났었잖아. 그 이야기 다시 좀 들려주라. 이야기 딱 하나만 듣고 잘게."

이렇게 말하면서 아빠를 살살 꾄다. 그런데 나는 그날따라 유독 피곤해서 이야기고 뭐고 그냥 누워서 자고 싶은 마음이 한가득이었다. 그래도 아들이 저렇게까지 말하는데 이야기를 안 들려줄 수도 없고 그래서 나도 어느 정도 머리를 써서 약간의 꼼수를 부렸다. 원래는 주인공 홍계월이 전쟁에 나가 적군에게 크게 승리하고, 그 후에 보국(위에서 아들이 말한 계월과 같이 커온 남자아이)과 결혼하는 장면이 나와야 하는데, 이쯤에서 슬슬 그만둬도 되겠지 하는 마음에 "홍계월이 그만 적군의 꾐에 빠져 적군 깊이 들어갔다가 포위되어 그만 전사해버렸습니다. 아, 참으로 안타까운 일입니다." 하고 이렇게 끝을 내버렸다.

그러더니, 아들이 벌떡 일어나서는 왜 그렇게 이야기가 빨리 끝나느냐고 묻는다. 자기가 지난번에 들은 이야기는 이렇게 빨리 끝나지 않았단다. 두 눈을 말똥말똥 뜨며 도저히 납득이 가지 않는 표정을 짓고 있기에, 나는 어쩔 수 없이 급히 이 사태를 수습해야 했다. "아, 소설에서는 원래 이렇게 반전이 꼭 있는 거야. 생각해봐. 만약 홍계월이 나가서 맨날 승리만 하고, 위기가 없으면 이야기가 하나도 재미가 없지. 이렇게 적군한테 당하기도 하면서 위기를 극복하고 다시 승리해야 재미있지 않겠니?" 라고 말하며 얼른 홍계월이 그 전쟁에서 죽은 줄 알았는데, 천신만고 끝에 위기를 탈출하게 되었다며 이야기를 다시 이어나갔다.

몸이 너무 피곤한데, 이렇게 이야기를 계속 이어나가려니, 참 힘들다. 예전에는 아들이 이런 속임수에 잘도 넘어갔었는데, 이제는 웬만한 것에 넘어가지도 않는다. 이럴 때 문득 아이가 벌써 이렇게 컸구나 하는 생각이 들곤 한다.

이와 비슷한 일이 또 있었다. 예전 아빠에게 『홍길동전』을 듣고 나서는 역시나 『홍길동전』을 또 들려달란다. 홍길동이 도술을 부려서 절의 재물을 훔치는 장면에서는 깔깔대고 웃으며 좋아했다. 아이가 특히 재미있어했던 부분은 홍길동이 산에 약초를 캐러 갔다가 괴물들을 만나 적의 괴물 대장을 활로 쏘아 맞힌 장면이다. 참고로 이때 괴물대장은 인간 여자 2명(나중에 홍길동의 부인들이 된다.)을 납치해서 그날 결혼식을 하려고 하다가 홍길동의 화살에 맞게 된 것이다. 그리고 그날 밤, 홍길동이 산에서 길을 찾아 헤매다가 커다란 집에 도착하는데, 그 집은 바로 홍길동이 낮에 화살을 쏘아 맞추었던 괴물들의 집이었다. 홍길동이 화살을 쏜 줄 모르고 있는 괴물들은 홍길동이 약초를 캐는 사람인 것을 보자, 자신들의 대장을 살려달라고 한다. 홍길동은 그 괴물대장이 아직 살아 있음을 알고, 독을 써서 괴물대장을 확실하게 저 세상으로 보내버리는데, 문제는 내가 지난번에는 그 다음 이야기를 "아, 이건 몸에 아주 좋은 약초로 만든 약이니까, 이것만 쭉 들이키면 대장님도 얼른 나을 겁니다. 그리고 제가 넉넉하게 약을 만들었으니까, 나머지 분들도 이것을 한잔씩 하시지요. 그러면 다들 몸이 건강하고 튼튼해질 겁니다. 자. 쭈욱 들이키세요." 이렇게 말하며 나머지 괴물들까지 모두 독약을 먹여 처리한 것으로 알려줬었나 보다.

그런데 이번 이야기에서는 내가 독약으로 적의 대장을 처리한 것까지는 똑같이 말했는데, 나머지 부하들이 대장이 죽은 것을 알고 달려드니, 홍길동이 도술을 부려 하늘로 올라가 화살비를 내리게 하여 나머지 부하들이 모두 화살을 맞고 죽었다니 하니, 세준이 눈이 금세 고리눈이 되어 나를 쳐다본다. 자기가 지난번에 들었던 이야기는 이게 아니란다. 그때는 모두 독약을 먹여서 처리했다고 했는데 왜 제대로 얘기를 안 들려주냐고 한다. 그제야 내가 지난번 들려줬던 이야기가 생각났다. 순간 당황하여 얼른 네 말이 맞다고, 아빠가 이번에는 다른 방식으로 얘기해봤다고 둘러대고, '아, 이제는 진짜 아이한테 말조심해야겠구나. 이런 것들도 다 기억하고 있구나.' 하는 생각을 했다. 수동적으로 이야기만 듣던 아이에서 이제 자기 나름대로 생각이란 것을 하고 이야기를 듣는 아이가 되었다.

또 한번은 아이가 유치원에 갔다와서 이런 이야기를 들려준 적도 있었다. 유치원에서 자기가 한쪽 코에 코딱지가 너무 많아서 계속 코를 후비고 있었단다. 그런데 코딱지가 안 나와서 계속 파고 있는데, 옆에 있던 한 여학생이 세준이가 코를 파는 것이 못마땅했나 보다. 선생님에게 손을 들고 세준이가 자꾸 코딱지를 판다고 일러바친 모양인데, 세준이는 세준이 나름대로 또 그게 분해서, 나중에 그 아이한테 가서 이렇게 말해 줬다고 한다.

"너는 말이 너무 많은 게 참 탈이야."

그 말을 듣는데, 나도 모르게 웃음이 터져 나왔다. 그리고 무엇보다 '탈'이라는 말을 어디서 배웠는지 모르겠으나, 나름 적재적소에 그 말을 잘 사용한 것이다.

또 한 번은 세준이의 사촌 형 둘이 우리 집에 놀러왔기에, 내가 세준이 포함 남자아이 세 명을 데리고 우리 집에서 꽤 멀리 떨어져 있는 놀이터에 데려간 적이 있었다. 그런데 갈 때는 얼른 가서 놀 마음으로 힘들지 않게 갔다면, 신나게 논 후에 이제 집으로 돌아와야 할 때는 다들 힘들다고 난리였다. 그렇다고 거기서 택시를 타기에는 이미 꽤나 걸어와서 이제 조금만 가면 되는 상황이기에 앞으로 5분만 가면 아파트 단지 입구에

도착한다고 했더니, 초3, 초1인 사촌형 두 명이 정말 5분만 가면 되냐고, 자기들이 지금부터 시간을 세보겠다고 한다. 그러면서 1, 2, 3, 4… 큰소리로 외치며 따라오기 시작했다. 그러다 거의 다 왔을 무렵 초등학교 3학년인 사촌 아이가 자기가 암만 생각해도 5분은 지난 것 같단다. 그러면서 고모부(나)가 거짓말을 했다며 힘들어 죽겠다고 그 자리에서 드러누웠다.

그 모습을 보고 세준이가 제 딴에는 아빠 편을 든다고 한마디했다. 아까 걸어올 때, 형아들이 중간에 운동 기구 있는 곳에서 잠깐 운동 기구 탄다고 시간을 소비하지 않았냐는 것이다. 그러니까 5분 지난 것 중에서 중간에 운동 기구 탄 시간은 빼야 한단다. 세준이가 나름대로 논리적으로 근거를 들어 말하는 모습에 새삼스레 이 아이가 이렇게까지 컸구나 싶어 기분이 묘했었다.

문득 아이들은 커가는 모습이 늘 그 모습이 그 모습 같다가도 이렇게 한 번씩 큰 성장으로 부모를 깜짝 놀라게 만든다는 생각이 들었다. 나도 세준이가 내 품에서 옹알대던 모습이 아직도 어제 같은데 벌써 이렇게 자신의 생각을 말로 표현하는 모습을 보면서 깜짝 놀랐었다. 내년에 일곱 살이 되면 또 어떤 모습을 보여줄 것인지 무척 궁금하다. 아이가 잘 커주니 참 고맙고 대견하다가도, 이제 나중에 사춘기라도 오면 어떻게 해야 하나 싶어서 미리 슬쩍 고민도 해본다. 언제나 순수하고 귀여웠던 어린 아이의 모습일 줄만 알았는데, 어느새 이렇게 커버렸나 싶어 문득 아쉽기도 하다. 언젠가 성인이 될 우리 아이들을 보면서, 지금 아이들의 모습 하나하나가 나에게는 너무나 소중한 것들이다.

아빠의
한마디

아빠에게

...

"아이들은 어느 순간 훌쩍 커버리기에 다시 오지 않을
지금 이 순간을 아이들과 행복하게 보내는 것이 매우 중요합니다."

6

함께하는 시간이 긍정적 관계를 만든다

요즘 육아하는 아빠들이 은근히 많아졌다. 당장, 큰아이 유치원 갈 때만 해도 같은 버스를 타는 아이가 3명인데, 그 중 우리 큰아이를 포함하여 2명이 제 아빠와 같이 나온다. 예전에는 내가 큰애를 어린이집에 등원시키려 나오면 엄마들 틈에서 혼자 조용히 구석지에 꿔다놓은 보릿자루마냥 있었었는데, 이제는 등원시키려 나오는 사람들을 보면 아빠들도 꽤나 많이 보이고 있다.

시대가 많이 변했다고 생각한다. 어쩌면 내가 육아하는 아빠 1세대일

지도 모르겠다. 내가 일하는 직장에서도 지금은 아빠가 육아휴직하는 경우가 종종 나오는데, 약 4년 전에는 내가 거의 처음으로 직장에서 큰아들 세준이를 키우기 위해 육아휴직을 사용했다. 사실, 육아휴직은 나에게 엄청 힘든 경험이다. 육아휴직을 사용하기 전에는 아이를 밥 먹이고 어린이집에 데려다 놓고 그 시간 동안 자신만의 시간을 즐기다가 때맞춰서 아이를 데리고 오기만 하면 된다고 생각했다.

  한마디로 쉽게 생각했던 것이다. 아이를 어린이집에 보낸 시간 동안 무슨 일을 할지 행복한 고민을 하기도 했다. 그런데 이게 웬걸, 직접 육아휴직을 해보니, 아침마다 전쟁이었다. 그것도 극한 전쟁이었다. 상대가 코흘리개 갓난아기다 보니, 내가 상대를 제압하고 통제할 수 있는 것이 아니다. 무조건 상대에게 맞춰줄 수밖에 없는 상황인 것이다.

  게다가 우리 큰아들 세준이 같은 경우, 정말 밥을 안 먹는 아이였다. 둘째 세환이와 비교했을 때, 세환이가 같은 나이에 밥 100을 먹는다고 하면, 세준이는 밥 20 정도를 먹었고, 세환이에게 밥 먹이는 데 100의 노력이 들어간다고 하면, 세준이에게 밥을 먹이는데는 약 10,000 정도의 노력이 들어갔다. 정말 너무 밥을 안 먹어서 세환이보다 100배는 더 힘들었다. 특히 세준이 같은 경우, 밥을 먹기 싫으면 입에 들어온 것을 그냥 바로 뱉어버리는데, 이것을 다섯 번만 당하면 먹이는 사람 입장에서는 멘탈이 나가버린다. 그래서 어떻게든 밥을 먹여보려고 안 해본 시도가 없을 정도이다.

그나마 세준이가 과일이라든지, 요플레 같은 것은 달아서 좋아하다 보니, 하다하다 못해 밥에 사과 간 것을 묻혀서 먹이기도 하고, 요플레를 묻혀서 먹이기도 했다. 게다가 어린이집에서도 밥을 안 먹으니 늘 어린이집 식판은 거의 깨끗한 상태로 집에 돌아왔다. 그나마 친할머니가 아이에게 밥을 든든히 먹여야 한다는 일념으로 온갖 정성을 다해 밥을 먹인 끝에 지금 저 정도로 크지 않았나 싶다.

또 예전 세준이가 다녔던 어린이집에서 밥과 관련한 우스운 일화도 하나 있다. 당시 세준이를 어린이집에 새로 보내면서, 그곳에 적응시키기 위해 내가 며칠 정도 세준이와 함께 일정 시간을 같이 있었던 적이 있었다. 어린이집 식사시간에 밥에 흥미가 없는 세준이는 한두 번 밥을 떠먹더니, 금세 자리에서 일어나 어떤 아이 뒤쪽에 놓여 있는 장난감들을 보고는 그쪽에 가서 서성거렸다. 그런데 하필 그 서성거린 쪽에 앉아 있는 아이가 식성이 무척 좋은 아이였다. 아직도 기억나는 게 그 아이가 식판을 들고 국을 한 번에 원샷하기에, 하도 강렬한 인상을 받아서 집에 와서 아내에게 그 얘기를 했더니 아내도 그 아이를 봤다며, 어떻게 그렇게 잘 먹을 수 있냐며 부러워했던 아이였다.

그런데 그 아이는 식사시간에 세준이가 자꾸 자기 앞에 와서 얼쩡대니, 자기 밥을 뺏으러 온 줄 알았나 보다. 갑자기 자기 밥을 허겁지겁 먹더니, 세준이에게 오지 말라고 "어~어~!" 하고 소리소리 지르기 시작했다. 세준이는 그것도 모르고, 그 아이 뒤의 장난감을 가지고 놀고 싶어 그 아이의 강한 거부 몸짓에도 아랑곳하지 않고 계속 그 앞에서 얼쩡거리니, 한동안 둘의 대치는 계속되었다. 옆에서 지켜보는 아빠로서는 둘의 상황이 참 웃기기도 하면서, 밥을 잘 안 먹는 우리 큰아들에 대해 한숨을 푹푹 쉴 수밖에 없었다.

어쨌든 아이에게 아침밥을 먹이는 것부터가 이미 전쟁이어서 너무 힘들었고, 밥을 조금이라도 먹인 아들을 어린이집에 보낸다 치면, 아이는 울고불고 안 가겠다고 난리였다. 마음 아프지만 아이를 억지로 맡기고 집으로 무사히(?) 돌아오면 거기서부터 집안일이 이제 시작되는 것이다. 바닥에 떨어진 온갖 이유식 파편들을 치워야 하고, 고새 쌓인 설거지 거리들도 얼른 해치워야 하며, 청소기도 돌리고, 음식물 쓰레기도 버리고 나면 벌써 몇 시간은 훌쩍 지나가버리는 것이었다.

게다가 아이가 아직 어리니 오래 맡길 수 있는 것도 아니어서, 점심시간 지나면 바로 데리러 가야 했다. 이건 뭐 쉬는 것이 아니라 잠깐 집안일을 하기 위해 아이를 어린이집에 맡기는 꼴이 되어버린 셈이었다.

이렇게 몇 개월 동안 육아휴직을 해보니, 새삼스레 어머니의 위대함에 대해 알겠다. 우리 어머니 같은 경우 혼자서 아이 셋을 키워내신 분인데, 도대체 어떻게 키워내셨나 싶다. 해보지 않았을 때는 쉬워 보였는데, 막상 육아휴직을 해서 아이와 계속 붙어 있다 보니 아이를 키우는 것이야말로 세상에서 가장 힘들고 그러면서도 또 가장 보람된 일임을 알게 되었다.

특히 나 같은 경우는 지금도 집안일을 상당히 많이 처리하고 있다. 예컨대, 청소, 빨래, 설거지, 음식물쓰레기 처리, 아기 목욕 등을 모두 내가 도맡아서 처리하고 있다. 이제는 내가 집안일을 더 잘하게 되었다. 남이 그 일을 하면, 그렇게 썩 만족스럽지 못한 지경에까지 이르렀다. 예컨대 설거지가 끝나면 싱크대 주변 물기들도 싹 제거하고(그래야 물때가 끼지 않는다.), 그릇 받침대 물도 비워야 하건만, 다른 사람들이 설거지를 해놓으면 이런저런 만족스럽지 못한 부분들이 눈에 들어와서 차라리 내가 하는 것이 마음이 더 편한 정도이다. 지금은 과탄산소다를 이용해 싱크대 배수구를 주기적으로 소독하는 경지에까지 이르렀다.

그런데 아내의 경우 내가 갖지 못한 고급 스킬을 보유하고 있는데, 바로 아이들 이유식 만드는 것과 아이들에게 밥을 먹이는 것이다. 나 같은 경우 성격이 급해서 그런지는 몰라도 아이들에게 밥을 먹이는 것이 너무나 힘들었다. 내가 몇 번 밥을 줬는데도 아이가 먹질 않고 뱉어버리면 화가 나고, 도대체 어떻게 먹여야 할지 몰라서 그만 포기해버리는데, 아내는 이런저런 방법들을 동원해서 어떻게든 아이들에게 밥을 먹인다. 이 고급 스킬은 내가 아무리 해보려고 해도 따라할 수 없기에 결국 나는 이런저런 허드렛일(?)을 하게 된 것이다.(그래서 새삼 전문직이 왜 좋은지 알겠다. 전문 지식과 기술이 있어야 세상을 사는 데 더 수월하다는 말이 온몸에 와닿는다.)

어쨌든 이렇게 육아하는 아빠 1세대로서 아이들을 키우다 보니, 분명한 것이 하나 있다. 바로 아이들과 더 많이 부대낄수록 그만큼 아이들과 더 정도 쌓이고 깊은 관계가 된다는 것이다. 특히 아이와의 긍정적인 관계는 아이와 시간을 얼마나 같이 보냈느냐에 비례해서 좋아진다. 물론 같이 있는 시간의 양 외에도 얼마나 알차게 보냈는지 시간의 질도 중요할 것이다. 그럼에도 개인적으로는 아이와 함께하는 시간이 어느 정도 이상은 꼭 되어야 한다고 생각한다. 나 같은 경우 아이들과 상당히 많은 시간을 함께하다 보니, 아내가 나와 아이들 사이를 시샘할 만큼, 우리 집 아이들은 나와 관계 형성이 더 잘되어 있다.

무엇보다 아들들은 아빠와 함께하는 시간이 절대적으로 필요하다. 예를 들어 아들들은 아무래도 몸으로 놀아주는 일이 필요한데, 이 일은 엄마보다 아빠가 더 잘해줄 수 있는 일이다. 또 아내의 경우는 아무래도 안전에 대한 조심성이 더 강해서, 아이들이 뭔가 조금만 위험한 일을 해도 하지 못하게 막는 반면, 나 같은 경우 아이들이 뭔가 새로운 일을 시도해 보려고 할 때 최대한 도전해보라고 말하고 때로는 같이 참여해서 하기도 한다. 그래서 우리 집 아이들은 아빠와 노는 것을 더 즐거워한다. 특히 아빠와 같이 시간을 많이 보낸 아이들은 아빠와의 놀이를 통해 감정 조절, 문제 해결력의 발달 등을 더욱 촉진시킬 수 있다고 한다.

그러다 보니 큰아들 세준이는 지금도 아빠한테 매일같이 매달리고, 엄마보다 아빠와 같이 잠을 자려고 한다. 또 둘째아들 세환이는 제 엄마나 할머니가 어린이집에 데려다줄 때면 군말 없이 어린이집 선생님에게 안기는데, 만약 내가 데려다준다 치면, 아빠한테 찰싹 붙어서 절대 떨어지지 않으려고 한다. 즉, 우리 집에서 유일하게 떨어지지 않으려고 울고불고하며 난리친 사람이 아빠뿐인데, 이 모습을 보고 어린이집 선생님도 놀란 적이 있었다.

특히 어린이집 하원을 내가 주로 하는데, 가끔 아내가 세환이를 데리러 가는 날이면, 엄마 뒤에 아빠도 왔나 싶어 계속 제 엄마 뒤를 두리번 두리번한다고 하니, 개인적으로 이런 데서 고된 육아의 보람을 찾나 싶다. 육아는 고되지만, 그만큼 정직하고 보람찬 일이다. 내가 아이들에게 사랑을 준 만큼 그 몇 배로 나한테 되돌아온다. 이 땅의 육아하는 아빠들 모두 파이팅이다.

아빠의
한마디

아빠에게

...

'아이와 함께하는 시간이 길어질수록
그만큼 아이와의 관계도 비례해서 좋아진답니다.'

7

아이의 욕망과 욕심을 그 자체로 인정하자

며칠 전, 장모님과 장인어른을 모시고, 다 같이 점심식사를 하러 간 적이 있었다. 그런데, 식사를 하러 가기 전, 내가 큰아들 세준이에게 이런 저런 주식과 관련된 투자 이야기를 곁들어서 '워런 버핏' 위인전을 읽어 줬었는데, 세준이가 그 이야기가 무척 재미있었나 보다. 차 안에서 운전 중인 나에게 자꾸 아까 하던 주식과 투자 이야기를 더 들려달라고 졸랐다. 마침, 주식 투자에 진심(?)이신 장모님께서 그 대화에 참여하셔서, 세준이에게 장모님이 투자하신 여러 주식에 대해 이야기를 들려주시기 시작했다.

세준이 같은 경우, 다른 글에서도 언급했지만 실제 세준이가 직접 투자한 주식이 있다. 바로 머크(MRK)라는 미국 제약회사의 주식인데, 해당 주식을 사게 된 이유는 2020년 코로나의 대유행으로 코로나 백신을 만드는 제약회사가 큰돈을 벌 것이라고 생각했기 때문이다. 또 머크는 키트루다라고 하는 전 세계에서 어마어마하게 돈을 벌어들이는 면역항암제를 팔고 있는데, 세준이와 나는 이것을 보고 해당 회사의 주식을 사게 된 것이다.

어쨌든 차 안에서, 세준이가 장모님과 주식 이야기를 나누다가, 자신이 갖고 있는 머크 주식에 대해 자랑을 좀 한 모양이다. 그러자 장모님께서도 당신이 갖고 계시는 LG 에너지솔루션 주식에 대해 이야기를 들려주셨다. 그러면서, 머크 주식은 지금 십 몇만 원인데, LG 주식은 오십 몇만 원이라고, 한 주당 가격이 훨씬 더 높다고 세준이에게 말하니, 세준이가 대뜸 하는 말이 머크 주식 몇 개하고, LG 에너지 솔루션 주식 몇 개하고 바꾸자고 한다. 할머니 입장에서 사랑하는 손자가 그렇게 조르면서 뽀뽀 세례를 하니, 거절하기가 쉽지 않으셨나 보다. 그러면 딱 한 주만 바꿔준다고 하니, 세준이가 방방 뛰면서 좋아했다. 문제는 그 다음에 발생했는데, 차가 거의 목적지에 다다를 무렵, 장모님께서 아무리 생각해 봐도, 주식의 가격 차이가 너무 많이 나서, 바꾸지 못하겠다고, 슬쩍 세준이를 놀리니, 갑자기 세준이의 얼굴이 벌개지며, 그만 울음을 터트리고 말았다. 눈물, 콧물 다 쏟아내며 너무 서럽게 울어버리니, 그만 모두가 당황하여, 세준이를 달래기 시작했다. 그리고 장모님께서 확실하게 바꿔준다고 말하시고 나서야 세준이의 울음을 그칠 수 있었다.

남들이 보기엔, 이번 사건은 그냥 하나의 재미있는 해프닝이었지만, 사실 나는 이번 상황에 대해 이런저런 고민을 많이 했다. 다름 아닌, 큰아들 세준이의 욕심과 욕망에 관한 문제였다. 내가 소유욕과 물욕이 어느 정도 있는 편인데, 나의 그런 성격을 물려받기라도 한 것인지, 세준이 같은 경우, 어릴 때부터 소유욕과 물욕이 상당히 강한 편에 속했다.(나 같은 경우, 초등학교 1학년 때 쓴 일기장을 보니, 아빠 친구네 집이 부자여서 아주 샘이 났다는 글귀가 적혀 있기도 했다. 생각해보면, 그때 그 일기를 보셨던 아빠는 어떤 마음이셨을까.)

세준이는 아기 때부터 뭔가를 모으고, 갖는 것을 좋아했다. 아기 때, 산책을 나가서 나무에서 떨어진 도토리들을 주워 손에 꽉 쥐고 절대 놓지 않았고, 잠이 들어서야 내가 도토리들을 손에서 빼낸 적도 있었다. 또 세준이는 뭔가를 가지면 자기만의 비밀 창고에 모으는 것을 좋아했다.

예전에 한번은 삼촌이 포켓몬고 게임 속 포켓몬 캐릭터들을 주려고 하는데, 내가 보니 우리가 이미 갖고 있는 캐릭터여서, 굳이 받을 필요가 없다고 말하니 세준이가 팔꿈치로 나를 슬쩍 치더니 더 이상 말하지 말라며 '아빠!'라고 외쳤다. 그러더니, 이미 우리에게 그 캐릭터가 있었음에도 기어코 삼촌에게 캐릭터들을 더 받아내기도 했다.

즉, 큰아들 세준이는 확실히 남들보다 소유욕도 강하고, 욕망과 욕심도 큰 편인데, 그렇다면 이런 부분에 대해 어떻게 아이를 교육시켜야 할까. 이 부분에 대해 나는 많은 고민을 한 적 있었다. 사실 많은 부모들이 대부분 아이의 지나친 욕심에 대해 훈계를 하고, 어느 정도 양보하며 적당히 갖는 것에 대해 가르칠 것이다. 그러나 나는 개인적으로 생각이 조금 다르다.

우선 나는 아이들의 욕심과 욕망, 소유욕 같은 것들을 모두 그 상태 그대로 인정해줘야 한다고 생각한다. 그 부분에 대해 훈계든 조언이든 뭐라고 말을 하는 것은 좋지 않다고 생각한다. 특히 욕망이나 욕심은 노력과 성공에 있어서 아주 중요한 동기(動機)가 될 수 있다고 생각한다. 뭔가에 대해 욕망이 있고 욕심이 있어야 그 일을 이뤄내기 위해 노력할 수 있는 것이다. 그런데 우리 사회는 이상하게도 욕망과 욕심에 대해 부정적으로 바라보고, 그런 것들을 누르려고 하는 경향이 강한 것 같다. 나는 개인적으로 욕망과 욕심이 어느 정도 과해도 아무 문제없으며, 오히려 그런 욕망을 억지로 누르는 것이 더 좋지 않다고 생각을 한다.

그래서 나는 아이들에게 전래동화를 읽어주는 것도 가급적 조심하는 편이다. 왜냐하면 많은 전래동화에는 부자라든지 욕심 많은 사람들이 대부분 아주 나쁜 사람으로 묘사되어 나중에 큰 벌을 받는 장면들이 종종 나오기 때문이다. 즉, 아이들에게 자칫 욕심 많은 것이 나쁜 것으로 인식될까봐 그 점을 조심하는 것이다. 오히려 나는 아이들에게 여러 위인들의 성공한 이야기를 많이 들려주는데, 사실 여러 위인이 어떤 분야에서 성공까지 오게 된 많은 이유가 자신의 욕망을 이루기 위해서이기도 하다. 예컨대, 앞서 언급한 주식의 귀재 워런 버핏은 여섯 살 때부터 콜라와 껌을 팔아서 돈을 벌었고, 중학생 때는 신문배달을 해서 돈을 벌었다. 만약 워런 버핏이 한국에서 태어났으면 돈에 환장한 어린아이란 평가를 받으면서 부모님에게 돈을 그렇게 밝히면 안 된다고 엄청 혼나지 않았을까. 나는 성공한 사람치고, 욕망과 욕심이 없는 경우를 거의 보질 못했다. 우리는 아이의 욕망과 욕심을 그 자체로 인정해줘야 한다.

그러나 한편으론 욕망과 욕심만 있으면 자칫 나중에 그것만을 위해 사는 사람이 될 수도 있다. 그래서 나는 아이의 욕망과 욕심은 그 자체로 인정해주되, 만약 아이가 자신의 욕망과 욕심만을 최우선으로 여기는 모습을 보인다면, 그 부분은 부모로서 아이들이 바른 방향으로 나아갈 수 있게 가르쳐야 한다고 생각한다. 또 아이들의 욕망은 긍정적인 욕망이어야 한다. 예를 들어 단순 쾌락만을 추구하기 위한 욕망이거나, 혹은 부정적 방법으로 자신의 욕망을 채우려고 하는 경우라면, 이때는 욕망이 부정적인 경우에 해당되므로 부모의 훈계와 올바른 가르침이 꼭 필요할 것이다.

아울러, 나는 배려와 양보도 함께 가르쳐야 한다고 생각한다. 이 세상이 혼자서 살아가는 세상이 아님을 가르쳐야 한다. 아무에게나 배려와 양보를 할 필요는 없지만, 옆에서 함께해주는 사람들에게는 때로는 욕망을 누르면서라도 필요하다면 배려와 양보를 해줘야 할 필요가 있음을 가르쳐야 한다. 그래야 다 같이 조화롭게 어우러져 살 수 있다. 만약 모두가 대접만 받고 손해를 안 보려고 한다면, 그 관계는 절대 유지될 수가 없을 것이다.

나는 아이의 욕망과 욕심을 있는 그대로 인정하되, 배려와 양보를 가르치는 부모가 되고 싶다. 그리고 한 번 더 강조하지만, 긍정적인 욕망과 욕심은 아이가 노력하고 성취를 이뤄낼 수 있게 만드는 아주 훌륭한 동기 요인이기 때문에 아이들의 욕망이 설령 조금 지나치더라도 부정적인 욕망이 아니라면, 그 자체로 인정해줄 필요가 있다고 본다. 그리고 그 과정에서 때로는 배려와 양보도 필요함을 가르친다면 금상첨화일 것이다.

아빠에게

...

"아이들의 욕심과 욕망을 그 자체로 인정해주세요.
노력의 강한 원동력이 될 수 있습니다."

8

층간 소음은 어떻게 해결해야 할까

여섯 살, 두 살 아들 둘을 키우는 우리 집은 층간 소음 관련해서는 영원한 가해자가 될 수밖에 없다. 나도 어릴 때 저랬었나 싶을 정도로, 아이들은 일단 걷는 것이 곧 뛰는 것이다. 그래서 하루에도 몇 번씩 뛰지 말고, 큰 소음을 내지 않도록 주의를 주고 있건만, 아이들은 한번 들으면 바로 잊어버리는 모양이다.

우리 집 역시 윗집의 층간 소음으로 고통받은 적이 몇 번 있다 보니, 층간 소음이 얼마나 사람을 예민하게 만들고, 화나게 만드는지 잘 알고 있다. 그러다 보니 남자 아이들을 키우는 집에서는 아마 하루하루가 조심스러운 나날들일 것이다. 특히, 예전 살았던 아파트의 경우, 실거주한 사람들의 단골 후기로 너무 심한 층간 소음이 주기적으로 올라올 만큼, 층간 소음이 심했던 곳이었는데, 이사 간 첫날에 바로 아랫집 전화를 받았다. 당연히 죄송하다고 말씀드리고, 아이가 뛸 때마다 주의를 주기도 했건만, 그래도 한번 항의 전화를 받고 나니, 마음이 편하지가 않았다.(사실 대한민국에 층간소음이 없는 아파트가 어디 있겠느냐마는.) 그러다 보니, 아들 둘을 키우는 입장에서 혹시라도 아랫집에 층간소음 피해를 주지 않을지 늘 조심을 하게 되고, 아이들을 어린이집에서 데려온 이후에는 가급적 공원으로 데리고 나가 실컷 뛰게 하는 방법을 써왔다.

그렇다고 아이들에게 뛸 때마다 주의를 주자니, 그것도 잠시뿐, 나름대로 궁여지책으로 층간소음 방지 방법을 인터넷에서 검색하여, 두꺼운 매트 4장을 사서 거실에 쭉 깔아놓았다. 매트 두께가 거진 5센티는 되다 보니, 생각보다 층간소음을 잘 막아주는 것 같아서 안심을 하였는데, 문제는 매트가 깔리지 않은 곳의 층간소음이다. 부엌이라든지, 방이라든지, 아이들이 이동을 할 때, 쿵쿵대며 걷는 것이 보였다. 그렇다고 부엌이나 방에까지 매트를 깔자니 크기가 맞지 않아 깔기도 어렵고, 이것 참 곤란한 일이다. 그나마 큰아들은 이제 여섯 살이라 대화가 서로 되기 때문에, 조심하라고 말하면, 알아듣고 조심하는 편인데, 둘째아들은 아직 말도 엄마만 할 수 있는 두 살 아기다 보니, 이제 막 배운 걷기가 신나서 쿵쿵대며 여기저기 물건들을 조사하러 열심히 돌아다니고 있다.

조만간 아랫집에서 전화가 올 느낌이다. 잔뜩 걱정이 된 나는 큰아들과 나름대로 대책을 논의했다.

"큰아들, 네가 일단 편지를 쓰자. 아랫집 할머니 할아버지에게 죄송하다고 글을 쓰고, 조심하겠다고 선물과 편지를 같이 드리면, 조금 이해해 주시지 않을까?"

그리고 이렇게 큰아들에게 편지를 쓰게 함으로써, 윗집에서 쿵쿵거리며 뛰는 것이 남에게 피해를 줄 수 있는 행동임을 확실하게 알려주고자 했다. 그 후, 제철 과일 한 박스를 사서, 큰아들과 함께 내려가서 아랫집 할머니, 할아버지에게 가져다드렸다. 그리고 늘 아이들이 뛰는 것을 조심한다고는 하는데, 말처럼 쉽지 않아, 진심으로 죄송하다는 말씀도 드렸다.

아랫집 할머니, 할아버지께서는 여유롭게 허허 웃으시며, 그 나이 때, 아이들이 당연히 뛸 수도 있으니 그런 것은 전혀 걱정하지 말고, 더 신나게 뛰어도 된다고 말씀해주셨다. 오히려 그렇게 말씀해주시니 더욱 죄송스럽고, 한편으로는 너무 감사했다. 게다가 매트의 효과인지, 할아버지께서 소음을 거의 못 느꼈다고도 해주셨다.

그리고 며칠 뒤, 아랫집 할아버지께서 답례로 책을 몇 권 집 앞에 두고 가셨다. 제목을 보니, 『하찌의 육아일기』란 책이다. 그리고 책 표면에, 직접 손글씨로, '아랫집 하찌는 이런 하찌란다. 그러니까 언제든지 마음 편하게 뛰고 싶을 때 뛰렴.'이라고 적혀 있었다.

하찌? 무슨 말인가 싶어서 호기심에 책을 읽어 내려가는데, 생각보다 너무 재미있었다. 알고 봤더니, 하찌란 어린 아이가 할아버지를 부르는 말이었다. 아랫집 할아버지, 할머니께서는 맞벌이인 딸 부부를 위해 당신의 손자가 어릴 때 육아를 대신해주셨는데, 그때의 육아 일기들을 묶어서 『하찌의 육아일기』로 책을 내신 것이다. 게다가 할아버지께서는 그동안 많은 작품들을 번역해오신, 업계에서도 손꼽히는 매우 유명한 번역가이셨다. 전 세계적인 베스트셀러가 됐던 유명 소설도 번역을 하시고, 최근까지도 이런저런 작품들의 번역을 통해 매우 왕성하게 활동을 하고 계셨다.

덕분에 아내와 나는 층간소음으로 인한 걱정을 한시름 덜게 되었다. 다행히 아이들도 매트 위에서 주로 놀다 보니, 쿵쿵거리는 소리도 많이 줄었다. 다만, 아직도 둘째아들은 세상 만물 탐험을 하기 위해 여기저기 안 가보는 데가 없다. 가서 이것저것 냅다 여기저기 던지지를 않나, 잡으러 가면 장난치는 줄 알고 뒤뚱거리며 우당탕탕 도망을 가버리니, 이 부분은 정말 나도 어쩔 수가 없었다. 그래도 아랫집 할머니, 할아버지와 이런 교류를 통해, 좀 더 마음이 편해진 것은 사실이다. 그렇다고 마음껏 뛰겠다는 말이 아니라, 우리도 더 조심하고 주의하되, 예전처럼 스트레스를 받아가며 아이들에게 뛰지 말라고 주의를 주는 것보다, 아이들이 뛸 때면 좀 더 여유롭게 가만히 안아서 매트 위에 올려다 놓을 수 있게 된 것이다.

아랫집 할머니, 할아버지의 여유와 배려에 대해 새삼 감사드린다. 층간소음으로 매일 노심초사하고 있는 남자아이 키우는 집에서는 먼저 아랫집에 진심으로 죄송한 마음을 전하면 어떨까 싶다. 물론 우리 같은 경우, 다행히도 정말 좋으신 이웃을 만나 그분들이 배려해주신 점도 있지만, 그래도 스스로 먼저 다가가는 모습을 보여주는 것이 더 중요하다고 생각한다. 우리도 다시 조그만 선물 하나를 담아서, 책을 잘 읽었다고 편지와 함께 가져다드렸다.

가끔 엘리베이터에서 운동 가시는 두 분을 만나면, 그새 자란 아이들을 보며 신기해하시고, 늘 웃어주시며 인사를 해주신다. 다행히 이번 집에서는 아이들을 매일 오후마다 공원에 데려가지 않아도 될 것 같다.

아빠의
한마디

아빠에게

...

'아이들을 키우면서 이웃과 층간소음 때문에 갈등이 생긴다면,
먼저 진심으로 사과를 드리는 것도 좋은 방법입니다.'

9

때로는 잘못을 보듬어줄 수 있어야 한다

우리 집은 아침마다 한바탕 전쟁이 펼쳐진다. 큰아이는 8시 40분에 유치원 버스를 타야 하고, 둘째아이는 9시 30분까지 어린이집을 보내야 한다. 둘째야 뭐 좀 늦어도 괜찮다지만, 첫째 같은 경우에 만약 유치원 버스를 놓친다면, 택시를 타고 대략 10여 분 넘게 가야 하는 곤란한 일이 생긴다.

마침 오늘 아침 당번은 나였기에 허겁지겁 둘째 이유식을 준비하고, 첫째를 깨우기 시작했다. 그런데 첫째가 어제 밤새 이야기를 듣겠다며 늦게 자더니만, 오늘 아침에 잘 일어나질 못했다. 둘째는 배가 고픈지 일어나서 밥 달라고 보채고 있고, 첫째는 일어나질 않으니 내 정신은 저 멀리 산에 가 있다. 이미 출근한 아내의 빈자리가 너무나 크게 느껴졌다.

마침 때맞춰서 도와주러 오신 장모님이 둘째 이유식을 먹이는 동안, 간신히 첫째를 깨우고 밥을 먹이기 시작했다. 그런데 첫째가 아침에 잘 자다가 억지로 깨움을 당하니 기분이 좋지 않은지, 밥을 깨작깨작거리며 잘 먹질 않았다. 이러저리 딴짓을 하다가 밥을 먹고, 책도 한번 슬쩍 봤다가 밥을 먹고 하니, 밥을 천천히 먹는 동안 시간은 잘도 흘러갔다. 결국 밥을 다 먹고, 양치를 한 뒤, 간신히 시간 맞춰 나가려고 한 순간, 첫째의 한마디.

"아빠, 응가요."

아이구, 이런, 큰일났다. 그래도 생리현상을 뭐라 할 수 없어서, 얼른 변기에 앉히고 응가를 누게 했다. 한참을 끙끙거리며 응가를 누고 나서는, 엉덩이까지 닦아주고 나니, 이미 시간은 유치원 버스 도착시간을 훌쩍 넘겼다. 그래도 가끔 버스가 늦게 올 때가 있어 혹여 모를 행운을 기대하고, 얼른 버스를 타러 나가보았는데, 늘 같이 버스를 타는 다른 아이들이 보이질 않았다. 이미 버스는 떠난 모양이다.

이런 상황에서 어떻게 해야 할까. 사실 부모로서 많이 고민되는 부분이다. 이 아이가 어젯밤에 늦게 자더니만, 결국 아침에 늦게 일어났고, 아침밥도 깨작깨작대며 천천히 먹는 바람에 이 사달이 벌어진 것이라며 아이를 한바탕 혼내어 훈육을 해야 할지 아니면 일단 이 상황을 타개하고 난 뒤, 왜 이런 상황이 벌어졌는지 조곤조곤 설명하고 다음부터 그러지 않도록 좋은 말로 지도를 해야 할지 내 머릿속에서 몇 가지 상황이 왔다 갔다 했다.

사실, 누가 봐도 정답은 두 번째다. 실수나 잘못을 할 수도 있는 아이의 입장을 고려하여, 가급적 문제를 먼저 해결한 뒤, 그 상황에 대해 천천히 설명해주는 것이 옳다. 그런데 문제는 늘 세상만사가 정답대로 흘러갈 수는 없다는 것인데, 예를 들어, 내가 빨리 아이를 보내고 얼른 회사에 가서 처리할 일이 있다고 가정해보라. 그러면 이미 촉박한 시간에 아이를 데리고 유치원까지 데려다주고 오면 이미 30~40분의 시간이 지났을 것인데, 그런 상황에서 침착을 유지하고 아이에게 조곤조곤 좋게 설명을 해줄 부모가 몇이나 되겠는가.

아이의 얼굴을 슬쩍 보니, 본인도 무척 당황한 모양이다. 자기가 늘 평소에 타던 유치원 버스가 이미 떠나고 없고, 거기다 본인이 아침에 응가를 해서 늦었다고 생각했는지 아빠에게 미안한 모양이다. 조그만 목소리로 버스가 떠나버렸다고 웅얼거렸다. 천만다행으로 오전 수업이 마침 1시간 정도 여유가 있었다. 그래서 바로 아이 앞에서 학교에 전화를 하였다. 그리고 사정이 생겨 잠시 늦는다고 말하고, 아이에게 아침에 늦을 수도 있으니 너무 걱정하지 말라고 다독여줬다. 그리고 이제 같이 눈앞에 닥친 문제(어떻게 유치원에 갈 것인가.)를 해결해보자고 제안하였다.

마침 유치원까지 가는 길을 검색해보니, 바로 앞 정류장에서 가는 버스가 하나 있었다. 그리고 그 버스가 5분 뒤 도착한다고 나왔다. 그래서 아이와 버스 정류장에 가서 버스를 기다리며 이런저런 이야기를 나눴다. 우선 내일부터는 일찍 자고, 일찍 일어나야 하며, 밥도 제 시간에 집중해서 먹어야 이제 이런 불상사가 안 일어난다고 말해주니, 자기도 이제는 일찍 일어나겠단다. 그러면서 금세 기운을 차려서는 어젯밤에 듣다만 이야기를 계속 들려주란다. 아빠는 이야기보따리가 하나 가득인데, 자기는 아이여서 아직 이야기보따리가 다 차지 않았다고 한다. 아침에 이렇게 늦었는데, 학교 가서 어떡하나 하는 생각도 잠시, 어제 잘 때, 들려주다가 중간에 멈췄던 이야기를 한 보따리 다시 풀기 시작했다. 그러면서 아이가 문득 나에게 물어본다.

"아빠, 우리도 돈 많이 벌어서 아빠도 학교 그만두고, 나도 유치원 그만두면 좋겠다. 그러면 이렇게 아침마다 힘들게 안 가도 되잖아."

어디서 이런 말을 들었나 싶어, 우습기도 한데, 그래도 그 말을 얼른 받아줘야 했다.

"아빠도 좋지. 그런데 돈을 어떻게 많이 벌까."
"우리가 뭔가를 만들어서 사람들에게 많이 팔면 어떨까?"
"좋지, 그럼 무엇을 만들지 한번 고민해보자."

그리고 자기 딴에는 금방 부자가 되어서 곧 유치원을 그만두기라도 할 듯이 기분 좋고 신나서는 기세등등하게 유치원으로 걸어 들어갔다. 그리고 나는 이제 학교 가서는 뭐라고 말해야 하나, 고민에 빠졌다. 아이가 아침에 응가를 하느라 그랬다고 하면 믿어주려나….

그럼에도 한편으론 생각한다. 우리 부모들이 아이들에게 뭔가 잘못이나 실수가 있을 때 혼내고 윽박지르기만 했던 것은 아닌지. 잘못을 해도 보듬어주고, 다시 똑같은 잘못을 하지 않을 수 있도록 친절하게 설명해줄 수 있는, 그런 여유를 가진 부모가 되고 싶다. 설령 또 잘못을 거듭 반복해서 하더라도 화를 내는 것보다 다시금 천천히 잘못에 대해 설명해줄 수 있는 그런 부모 말이다.

아이가 실수나 잘못을 했을 때, 무작정 혼내면서 훈육을 한다면, 그런 상황에서 아이들은 얼마나 주눅이 들고, 실수를 두려워하겠는가. 만약 오늘 아침에 아이를 혼내면서 훈육을 했다면, 아이는 아침에 응가하는 것 때문에 그렇게 혼났다고 생각하여, 아침에 응가가 나와도 참으려고 했을 것이다. 부모 노릇하기도 어렵지만, 좋은 부모 되기는 더 어렵다는 사실을 새삼 깨닫는다. 아이의 잘못에 대해 무작정 혼내는 것보다 때로는 그 상황을 이해하고 보듬어줄 수 있는 부모가 되면 좋겠다.

아빠의
한마디

아빠에게

...

"때로는 아이의 잘못이나 실수에 대해
아이의 이야기를 먼저 들어보고 좋은 말로 타이르는 것이
더 좋은 훈육이 될 수도 있습니다."

3장

아빠가 두 아들에게 전하는 9가지 이야기

1

상상력을 잃지 말고 AI 시대를 당당히 살아가렴

최근 글을 대신 써주는 인공지능프로그램이 있다 하여 호기심에 관련 내용을 검색해본 적이 있었다. 찾아보니, 인공지능 프로그램이 독후감이나 소설 같은 것도 척척 쓸 뿐 아니라, 심지어 음식점 리뷰같은 것도 주어진 조건에 맞게 쓸 수 있다고 한다. 인간만의 영역이라고 생각했던 글쓰기의 영역에 인공지능이 이렇게 들어온다고 하니, 놀랍고 무섭기까지 했다. 도대체 인공지능이 어느 정도까지 글을 작성할 수 있는지, 매우 궁금하여 실제 인공지능이 작성한 음식점 리뷰를 살펴보니, 이건 정말이지 매우 놀라웠다. 누가 봐도 사람이 쓴 것 같은 글인데, 사람이 입력하는 조건대로 조건에 맞는 리뷰를 작성할 수 있다고 한다. 예를 들어, 매우 적극적으로 음식이 맛있었음을 칭찬해달라는 조건을 집어넣으면, 리뷰가 굉장히 호들갑스럽게 칭찬하는 글로 작성이 되어 있었다.(AI가 '존맛탱'이란 단어까지 사용할지 누가 알았겠는가.) 심지어 인간의 고유 영역으로 여겨졌던 '시'마저도 인공지능이 창작을 해낼 수 있다고 하니, 바야흐로 인공지능의 시대가 도래하지 않았나 싶다. 실제 인공지능이 작성한 시를 보면 평범한 사람인 내가 보기에는 꽤나 그럴싸해 보였다.

게다가 글뿐이랴. 최근 'AI에 밀려 설 곳을 잃은 화가들'이란 제목으로 나온 기사를 본 적이 있다. 인공지능이 사용자가 입력한 명령어와 간단한 밑그림을 기반으로 사용자가 요구한 캐릭터 일러스트를 몇 분만에 쓱쓱 여러 장 그려낼 수 있다 보니, 이제 일러스트레이터로서 설 곳이 없어진 사람들이 적은 돈을 받고 아직 인공지능이 제대로 잘 그리지 못하는 사람의 손발 같은 것들을 대신 그려주고 있는 상황이 되었다는 기사였다.(인공지능은 다양한 기존 그림을 가지고 학습을 하면서 그림 실력을 키워나가는데, 각도에 따라 사람의 손발 개수가 다르게 보이다 보니, 사람의 손발을 잘 그리지 못한다고 한다.)

생각해보니, 인공지능이 이제 사회 곳곳에 퍼지지 않은 곳이 없다. 병원에서도 인공지능이 의사보다 더 정확하게 환자의 병명과 치료방법을 찾아낸다고 하고, 요새는 로봇이 의사보다 더 수술을 잘해낸다고 한다. 또 인간의 생명과 직결되어 있기에 인공지능에게 맡기기가 꺼리던 자동차 운전의 영역에서도 인공지능의 자율주행 기술이 갈수록 발달하여 모 회사의 자율주행 시스템의 경우, 고속도로 같은 경우는 해당 차량의 자율주행 시스템을 믿고 운전자들이 잠을 자면서 가는 경우도 많다고 한다. 지금도 이 회사는 전 세계를 돌아다니는 수백만 대의 자사(自社) 차량으로부터 자율주행 데이터를 수집하고 발전시키고 있다.

어떻게 보면 우리는 엄청난 변혁의 한가운데 있는 셈이다. 예전 그 누가 인간이 비행기를 만들어 하늘을 날아다닐 것이라고 생각을 했겠는가. 라이트 형제가 최초의 비행에 성공한 이후, 마하의 속도로 비행하는 초음속 비행기라든지, 적의 레이더에 걸리지 않은 스텔스 비행기처럼 비행기는 계속해서 발전해왔다. 인공지능 역시 이제 더욱 발전할 것이며, 우리 삶에서 인공지능이 담당하는 영역이 갈수록 커지고 넓어질 것이라 생각한다. 우리는 이런 상황에서 우리 아이들에게 어떤 교육을 시켜야 하는 것인가에 대해 고민을 하지 않을 수가 없다.

나는 예전 교육에서 강조되어 왔던 암기력은 이제 더 이상 큰 의미가 없다고 생각한다. 정보가 필요하면 바로 인공지능에게 물어보면 그만이다. 영화에서처럼 사람이 물어보는 것에 대해 인공지능이 바로 정보를 제공하는 시대가 곧 올 것이라고 생각한다. 또 앞으로 사람이 뭔가를 암기해서 적용하는 것이 이제 무슨 의미가 있겠는가. 사람보다 훨씬 더 잘 암기하며 지치지도 않는 인공지능이 있는데, 굳이 사람에게 그런 일을 맡길 이유도 없지 않은가.

　그러나 여전히 학교에서 배우는 주요 교과의 시험은 대부분 암기력을 중요한 평가의 척도로 여긴다. 당장 내가 가르치는 국어만 해도 아이들이 어려워하는 중세국어를 예로 들면 모든 것이 다 외워야 할 것들 투성이다. 게다가 모든 시험은 시간이 정해져 있다. 최대한 빠른 시간 안에 외운 것을 바탕으로 문제들을 정확하게 풀어내야 한다. 실수를 하면 학습능력이 부족한 학생으로 평가받는다. 이런 평가 방식이 미래 사회에 과연 어떤 의미가 있을지 교직에 있는 나로서는 더 고민이 많이 되는 부분이다. 개인적으로 과거 평가에서 중시되었던 암기력보다 창의적으로 새로운 것을 만들어낼 수 있는 상상력이 이제는 정말 중요해진 시대가 온 것이라고 생각한다.

　그러나 그동안 나의 모습을 곰곰이 떠올려보면,

　아이들에게 뭔가 지식을 전달하고, 아이가 그 지식을 외워내는 모습에 기뻐하지 않았던가. 아이가 새로운 생각을 해냈을 때, 그 생각의 터무니

없음을 지적하고, 기존에 통용되던 생각을 받아들이고 외울 것을 강요하지는 않았던가.

　우리는 아이들의 창의적인 상상력을 존중하고, 그 생각들을 기존의 다른 생각들과 연결시켜 더욱 발전시켜나가는 것을 믿고 지지해줘야 한다. 또 아무리 터무니없는 생각일지라도, 그런 생각 자체만으로도 아이들을 응원할 수 있었으면 한다. 특히 아이들의 상상력을 자극하는데 아빠들의 육아가 큰 역할을 한다고 한다. 아무래도 안정과 보호를 좀더 중요시하는 엄마들과 달리 남자들은 위험한 모험(?)을 좀더 시도하는 편이다.('남자가 빨리 죽는 이유'라는 재미있는 동영상을 보면 온갖 위험한 행동을 하고, 엉뚱한 장난을 치는 남자들의 모습들이 나온다.) 그런데 이렇게 정해진 틀을 깨고, 새로운 모험을 하는 데서 아이들의 상상력이 크게 키워질 수 있다고 한다. 즉, 아빠와 아이들이 때로는 엉뚱하고 조금 위험할지라도, 다양하고 새로운 것들을 시도해보는 것이 아이들의 상상력에는 큰 도움이 되는 셈이다. 바야흐로 변혁의 시대 한복판에서 살아갈 우리 아이들이 상상력이 뛰어난 아이들로 자랄 수 있으면 좋겠다.

아빠의
한마디

아들에게

...

"때로는 엉뚱할지라도
너희의 다양하고 놀라운 생각들을 언제나 응원한단다."

아빠의 긍정 육아가 아이의 행복을 만든다

2

소비자의 삶이 아닌 생산자의 삶을 살아야 해

며칠 전, 저출산이 심각하다는 내용의 뉴스를 본 적이 있었다. 그 뉴스에서는 아이 한 명당 키우는데 평생 들어가는 돈이 약 몇 억이 들어간다며, 아이를 키우는 것의 힘듦에 대해 열심히 설명하고 있었다. 뉴스에 나온 대로 내가 아이 둘을 낳아 키워보니, 정말 신혼 때보다 들어가는 돈이 몇 배는 더 많아졌다.(그래서 온갖 재테크 책에서 젊을 때 종잣돈을 모으라고 하는 것인지도 모르겠다.)

어릴 때는 기저귀 값이며, 분유값이 들어가고, 조금만 커서 어린이집이나 유치원에 가면 또 특별활동비다 뭐다 해서 상당한 돈이 들어간다. 다들 특별활동을 한다는데 우리 아이만 안 할 수도 없는 노릇이고, 거기다 방과 후에 이런저런 학원이라도 보낸다치면 돈이 더 많이 들어간다. 요즘에는 영어유치원이라고 해서 좀 괜찮은 영유의 경우 한달에 200만 원이 훌쩍 넘는다고 한다. 그럼에도 자리가 없어 서로 들어가려고 난리라고 하니, 아이 하나 키우는데 돈이 몇 억이 필요하다고 하는 말이 정말 과언이 아니다.

그런데 내가 여기에서 정말 하고 싶은 말은 요즘 우리네 아이들은 어릴 때부터 철저하게 소비에 길들여져 있다는 사실이다. 어릴 때부터 엄마 아빠가 모든 것을 다 해주고, 원하는 것을 들어주다 보니, 아이들은 결핍에 익숙하지 않다. 특히 요즘은 아이를 하나만 낳다 보니, VIB(Very Important Baby)라고 해서 양가의 할아버지, 할머니들까지 더해 온 가족이 아이 하나를 떠받치고 있는 형상이다. 우리 첫째아들도 우리 집에서 첫 아이다 보니, 온갖 귀여움과 물질적 풍요를 누리고 살았다. 이제 둘째가 태어나서 관심과 사랑이 분산된 것을 자기도 조금 느끼는지, 요새 둘째를 상당히 경계하고 있지만, 여전히 많은 사랑을 받고 있다.

아이들이 소비에 길들여진 모습을 교사인 나는 학교에서 많이 보아 왔다. 정말 몇 십만 원이 넘는 옷을 아무렇지 않게 입고 오는 모습하며, 유행에 따라 잘 사용하지도 않는 물건들을 저마다 하나씩 들고 있는 모습들도 보았다. 무엇보다 문제는 자신이 사용하는 돈과 자신에게 들어가는 돈을 아무렇지 않게 생각한다는 것이다. 그 돈을 벌기 위해 피땀 흘려 고생하는 부모들의 모습은 생각하지 않는지, 태연하게 그 비싼 학원에 가서 잠을 자고 온다는 등의 이야기를 쉽게 한다.

즉, 아이들은 어릴 때부터 철저하게 소비자의 모습으로 키워진다. 소비자의 모습으로 키워지면, 결국 사회 생태계에서 가장 밑바닥에 위치할 수밖에 없다. 콘텐츠든, 물건이든 무엇인가를 만들어내서 사람들에게 팔 수 있는 생산자들은 생태계 상단에 위치한 포식자들이다. 생산자도 급이 있다. 자신의 시간과 노동을 소비하여 뭔가를 만들어내는 생산자와 그런 생산자들과 소비자를 연결하는 플랫폼을 만들어서 자신이 없어도 자동으로 돌아가는 시스템을 만들어 그 수수료를 얻어내는 생산자 중 누가 더 상위 생산자인지는 뻔히 알 수 있을 것이다.

어찌됐든 부모가 건강하게 경제활동을 할 때야 괜찮지만, 부모의 경제활동이 언제까지 지속될지 알 수 없는 노릇이고, 이제는 부모의 노후를 아이들이 책임지는 시대도 아니다. 자식에게 올인하며 돈을 모두 쏟아붓는 부모의 결말이 어떠할지 상상이 쉽게 되지 않는가.

나는 아이들을 소비자에서 생산자의 모습으로 바꿔야 한다고 생각한다.

예컨대, 우리 큰아들은 하루 공부를 끝내고 나면 자기가 하고 싶은 포켓몬고 게임을 30분씩 즐긴다. 그런데 게임을 즐기는 것을 넘어서 게임에 돈을 쓰기 시작하고, 게임 중독이 되어 게임에 종속되어버리면, 지금까지 계속 말했던 소비자의 모습으로 길들여지는 것이다.

그래서 아들에게 이런 식으로 말을 종종 건넨다.

아빠 : "아들, 이 게임을 너도 많이 하고, 다른 친구들도 많이 하니까, 이 게임을 만들어낸 사람은 어떻게 됐을까 궁금하다."

아들 : "당연히 돈을 많이 벌었겠지!"

아빠 : "그치? 그러면 우리도 이 게임을 하면서 어떤 부분을 세준이가 좋아하고, 빠져들었는지 잘 봐뒀다가 나중에 이렇게 사람들이 좋아할 만한 것을 만들어서 팔아보면 어떨까?"

아들 : "와, 엄청 좋지. 나도 게임 하나 만들어야겠어."

아빠 : "오케이. 그러면 게임을 만들려면 어떻게 해야 하나. 아빠가 알기로는 이런 프로그램을 만들려면 코딩을 배우면 된다고 하던데, 한번 코딩을 배워볼까? 도전을 해보는 게 어때?"

아들 : "좋아! 나 코딩 배워보고 싶어."

예컨대 새로운 것을 배우고 도전하게끔 하면서 소비자의 모습에서 생산자의 모습으로 조금씩 바꿔주는 것이다. 특히 포켓몬고 게임과 관련하여 아들에게 우리가 지금 즐기는 게임 관련하여 게임하는 동영상을 찍어서 이것을 유튜브에 올리고 다른 사람들에게 동영상을 판매(광고수익)하는 것은 어떨까라는 제안을 하였다. 아들이 생각보다 굉장히 좋아하면서 당장 동영상을 찍어보자고 했다. 그래서 만든 유튜브 채널이 바로 '세주니 TV'이다. 매일 20분씩 아이와 포켓몬고 게임에서 다른 유저와 각자 가지고 있는 포켓몬으로 배틀을 한 것을 동영상으로 찍어 편집한 후, 유튜브에 올리는 것이다. 아이는 이제 스스럼없이 본인을 '세주니 TV'의 세주니라고 소개하고, 구독자들에게 자신이 알고 있는 포켓몬고 지식을 전달한다. 어떻게 보면, 게임을 단순히 즐기던 소비자의 모습에서 게임 동영상을 판매하는 생산자의 모습으로 바뀐 것이다. 그러면서 동영상을 보는 사람들의 마음을 사로잡으려면, 어떤 점들을 더 보완해야 할지 나와 같이 의논도 하고 있다. 나는 이러한 생산자의 마인드를 아이들에게 심어주는 것이 중요하다고 본다.

예전 학교에서 어떤 학생과 상담을 할 때, 그 학생에게 깜짝 놀란 적이 있었다. 공부도 못하고, 학교에서 거의 잠만 자는 학생이었는데, 사실 그 학생에 대한 내 생각은 도대체 무슨 생각으로 이렇게 학교생활을 엉망으로 하고 있는지였다. 그런데 그 학생은 학교가 끝나면 매일 아르바이트를 해서 돈을 벌고, 그 돈을 가지고 밤마다 미국 주식에 투자를 하고 있다고 했다. 그리고 대학교에 갈 생각이 없으며 자신은 어릴 때부터 투자에 관심이 있어서 한국의 워런 버핏처럼 되는 것이 꿈이라고 했다. 또 마음이 맞는 친구 하나와 회사를 차려서 사람들에게 뭔가를 팔 수 있는 다양한 사업도 구상 중이라고 했다.(고등학생인 그 학생은 벌써 법인 대표였다. 게다가 당시 약 8천만 원 정도의 모은 돈을 보여주었다.)

그 당시 젊은 교사였던 나는 학교에서 공부를 열심히 하고, 좋은 성적을 거둬서 명문대학교를 나와 번듯한 직장을 잡는 것이 어떻게 보면 소위 말하는 성공한 인생이라고 생각을 했었다. 그런데, 이 학생과 상담을 하면서 머리를 망치로 한 대 맞은 것 같은 충격을 느꼈다. 우리반 학생들 중, 나중에 누가 가장 멋지게 살고, 자신이 하고 싶은 것을 하면서 살까? 라는 질문을 던졌을 때, 나는 우리 반 1등이 아닌, 그 학생을 뽑고 싶었다. 이 학생은 이제 고작 고등학생인데도 소비자가 아닌 생산자의 삶을 살고 있었던 것이다.

나는 우리 아이들이 소비자가 아닌 생산자의 삶을 살았으면 좋겠다. 그러나 생산자의 삶은 생각만큼 쉽지 않다. 새로운 무엇인가를 만들어낼 수 있어야 하는 만큼 편하게 소비하는 삶보다 당연히 더 힘들고 리스크도 크다. 실패하는 경우가 더 많을 것이다. 그러나 우리 아이들이 생산자의 삶을 위해 당당하게 도전하고 실패해도 다시 일어나서 달릴 수 있으면 좋겠다. 우리 부모의 역할은 아이들이 넘어져도 다시금 일어설 수 있게 힘들 때마다 손을 잡아 주는 것이라고 생각한다.

아들에게

...

너희가 소비자가 아닌 생산자의 삶을 살아가는 것을 응원한다.
그 과정이 힘들지라도 용기 있게 도전해보렴.

3

하고 싶은 일에 자신 있게 도전하길 바란다

오늘도 아침 7시에 지하철에 몸을 싣고 출근을 하고 있는데, 내 옆에 앉은 젊은 남자가 누군가와 통화를 시작한 모양이다. 듣지 않으려고 해도 워낙 큰 목소리여서 대화 내용이 다 들렸다.(거의 강제적으로) 들어보니 오늘 처음 직장에 출근하는 모양이다. 들뜬 마음과 설렘이 목소리에 묻어나왔다.

문득 젊은 날의 내 모습이 생각나며, 어느새 나도 벌써 이렇게 10년이 넘은, 꽤 연식이 된 직장인이 되었구나 싶어서 나도 모르게 쓴웃음이 나왔다. 그리고 마침 또 내 앞쪽에 앉은 머리가 희끗하신 늙은 노신사를 보며, 나도 이렇게 계속 일을 하다 보면, 어느 샌가 저 연세가 되어 은퇴를 준비하겠구나 싶어 가만히 이런저런 생각에 잠겼다.

문득 '나는 지금 무엇을 위해 살고 있나.' 하는 생각이 들었다. 매번 이렇게 반복적인 삶을 살아가는 내 모습(나는 매일 아침 6시에 일어나, 7시면 직장으로 향하는 지하철에 몸을 싣곤 한다.)을 떠올리며 나 스스로에게 여러 가지 질문들을 던져보았다. 예컨대 '지금 나는 어떤 마음으로 직장에 가는가. 마지못해 가는가. 아니면 하고 싶은 일이 있어서 즐거워하며 가는가.', '나는 지금 어떤 삶의 목적을 가지고 있는가.', '나는 삶의 목적을 실현하기 위해 지금 어떤 노력을 하고 있는가.' 이런 질문들 말이다.

무엇보다 지금 직장에서 하는 일은 과연 내가 정말 하고 싶었던 일인가에 대해 곰곰이 생각을 해보았다. 그리고 그 일을 은퇴할 때까지 한다고 했을 때, 즐거운 마음으로 보람을 느끼면서 해낼 수 있을 것인가에 대해 스스로에게 진솔하게 물어보았다.

그런데 당장 오늘 아침 출근하기 위해 아침에 일어나면서 직장에 가기 싫다는 부정적 생각이 온 머릿속에 가득했다. 그래서 만약 지금 내가 하고 싶고 좋아하는 일을 하러 간다면 어떤 기분으로 일을 하러 가고 있을 것인지 생각을 해보았다. 그렇다면 지금처럼 뭔지 모를 괴로움에 사로잡혀 있는 것이 아니라, 즐거운 마음으로 기분이 들떠 있지 않을까.

나 같은 경우 IMF를 직격으로 맞은 세대다. IMF로 인해 많은 회사들이 무너지고, 사람들이 실직하며 사회가 절망으로 울부짖는 것을 눈앞에서 본 셈이다. 그러다 보니, 내가 대학을 갈 당시에는 안정성이 사회적으로 큰 화두가 되어, 갑자기 전국의 사범대와 교대의 입시 결과가 크게 높아지기도 했다.(당시 서울대를 포기하고 서울교대를 선택한 학생들도 꽤 많았다.) 나 역시 새로운 도전보다 안정성을 중시하던 나의 기질에다가 당시 그런 사회 분위기까지 더해지니 더 높은 네임밸류를 가진 타 대학 공대의 합격을 포기하고, 사범대를 선택할 수 있었던 것이다.

그럼에도 학생들을 가르치는 것은 분명히 내 적성에도 맞고 내가 잘하는 일이라고 생각한다. 학생들도 내 수업을 좋아하며, 어떤 아이들은 나에게 학원 강사를 하면 엄청 성공할 것 같다고 말해주기도 했다. 내 생각이나 지식을 다른 사람들에게 쉽고 재미있게 전달하는 것은 내가 좋아하고, 잘하는 것 중 하나이다. 그런데 왜 나는 직장에 가는 것이 이렇게 힘들까?

나는 통제와 반복을 싫어하는 나의 성향 때문이라고 생각한다. 일단 학교는 규율과 통제가 어쩔 수 없이 존재한다. 어디로 튈지 모르는 다양한 학생이 모여 있다 보니, 어느 정도의 규율과 통제 없이는 학생들을 지도할 수가 없기 때문이다.

　그런데 때로는 지나치다 싶은 통제들도 많이 있다. 예를 들어, 시험을 볼 때, 학생이 누구인지 확인하기 위하여 학생들의 모자를 벗게 하는 규정이 있다. 그런데 이 규정 같은 경우, 수능 같은 시험에서야 당연히 교사가 시험 보는 학생들을 모르기 때문에 학생들을 확인하기 위하여 필수적이겠지만, 문제는 이런 규정을 일선 학교 시험에서도 엄격히 적용하는 데 있다. 학교에서 학생을 가르치는 선생님이 이 학생이 누구인지 뻔히 알고 있는데 굳이 학생을 확인하기 위하여 모자를 쓰고 있는 학생들에게 모자를 벗으라고 하는 규정은 좀 지나치다고 생각한다.

　특히, 일부 아이들 같은 경우 아침에 머리를 감지 않고 나오느라, 모자를 쓰고 온 학생들이 있는데, 그런 학생들에게 모자를 벗으라고 지도하면, 그 학생들도 불만이 가득해서 왜 모자를 쓰면 안 되냐고 교사에게 항의하기 시작한다. 그럼 또 교사는 규정상 그렇다는 답변을 할 수밖에 없고, 결국 교사와 학생이 서로의 기분만 상한 채 평행선을 달리는 싸움만 하게 된다. 개인적으로 나는 이런 통제들이 너무 싫었다.

　게다가 교사는 평생 동안 학생들에게 교과서에 기반하여 매번 거의 비숫한 내용들을 가르쳐야 한다. 심지어 가르치는 반이 10개 반이라면 10개 반에 들어가 똑같은 말을 앵무새처럼 반복해야 하는 것이다. 이런 이유들로 나는 지금 하는 일이 내가 정말 좋아하고, 하고 싶었던 일인지에 대해 쉽게 그렇다고 답변하기가 어려웠다.

좋아하는 일을 해도 슬럼프가 올 수 있는데, 하고 싶어 하는 일이 아니라면 슬럼프는 어떻게 극복해야 하는가. 많은 사람들은 이럴 때 버틴다는 표현을 쓰곤 한다. 특히 아이들을 생각하며 버틴다고 한다. 그리고 술 한잔하며 털어버리고 다시 전쟁 같은 직장으로 뛰어들어가는 것이다. 그런데 여전히 많은 부모들이 자신의 아이들이 무엇을 하고 싶은지, 무엇에 관심이 많은지가 중요한 것이 아니라, 명문대학교에 입학해서 대학 졸업장을 따고 소위 말하는 좋은 회사의 직원으로 들어가거나 혹은 의사나 변호사 같은 전문직이 되는 것을 중요하게 여긴다. 사실, 아무리 전문직이라고 해도 결국 자신이 좋아서 하는 일이 아니라면, 괴로운 것은 마찬가지일 텐데 말이다.

이제는 좋은 대학교를 가서 좋은 회사에 취직하는 것이 예전만큼 성공의 중요한 척도가 아니라고 생각한다. 나는 우리 아이들에게 무엇에 흥미가 있는지, 그리고 무엇을 해보고 싶은지 찾아보라고 말할 생각이다. 그리고 하고 싶은 것들을 다양하게 경험하면서 그 중에서 내가 재능이 있다고 생각하는 일을 찾아내 그 분야를 집중해서 파고들어 보라고 조언하고 싶다. 그리고 내가 잘하는 것, 혹은 이뤄낸 것들을 상품화해서 많은 사람들에게 팔 수만 있다면 평생 좋아하는 일을 하면서 돈을 벌 수 있는 멋진 일이 이뤄질 수 있다고 생각한다.

즉, 자신이 하고 싶으면서도 잘할 수 있는 것을 찾아 그것을 브랜드화해서 많은 사람에게 팔 수 있어야 한다. 운동선수들도 얼마나 많은 사람들에게 자신의 운동 능력을 팔 수 있느냐에 따라 연봉이 달라진다. 유명한 메이저리그 야구선수는 전 세계에서 자신의 경기를 봐주는 야구 팬들이 많기 때문에 엄청나게 많은 연봉을 받고, 반면 아무리 그 분야에서 최고가 되었다 해도 비인기 종목의 운동선수는 자신의 경기를 많이 팔기 어렵기 때문에 높은 연봉을 받는데 한계가 있다. 심지어 UFC(이종격투기) 같은 경우 인기 없는 챔피언보다 인기 많은 도전자가 더 많은 경기수당을 받는 일도 허다하다.

단지 돈을 잘 번다거나, 혹은 사회적 명망이나 지위가 높다거나 하는 이유로 아이에게 전공이나 대학을 부모로서 강요하고 싶지 않다. 내가 하고 싶은 뭔가에 집중하고 성과를 이뤄낸다면 부와 지위는 충분히 따라올 수 있다고 생각한다. 예전 모 방송에서 나온 바닷가의 한 늙은 어부의 말이 기억난다. "내가 좋아하는 일을 하면서 사니, 스트레스가 전혀 없고, 스트레스가 없으니 몸이 이렇게 건강합니다."

예컨대, 전 세계 드론 시장의 70%를 넘게 장악하고 있는 중국 드론 회사 DJI의 창업자 왕타오는 젊은 나이에 엄청난 회사를 만들어낸 사람이다. 왕타오는 어릴 때부터 무인 항공기에 관심이 많아 항공기 연구를 계속하다가, 드론 시장의 잠재성을 보고 드론으로 눈을 돌려 전세계 드론 시장을 이끌어가는 회사를 만들어낸 것이다. 왕타오는 인터뷰에서 자신이 드론에 갖고 있는 열정과 노력에 대해 이야기를 한 적이 있는데 회사 동료들이 자신만큼 드론에 대해 열정을 갖고 있지 않아서 힘들다고 했었다. 심지어 왕타오는 새벽에도 새로운 아이디어가 떠오르면 이사진을 바로 소집해서 회의를 하는데, 이것을 못 버티고 나간 사람이 부지기수라고 한다.(그러다 보니 이 회사는 회사 신입을 뽑을 때 중간에 그만두면 패널티를 내는 조항까지 있는데, 심지어 패널티를 내고 나간 직원도 있다고…) 특히 왕타오는 한 번 프로젝트에 들어가면 몇날 며칠을 회사에 틀어박혀서 그 일을 해결하기 위해 엄청난 집중을 보여준다고 하는데, 자신이 좋아하는 일이기에 이렇게 놀라운 열정과 노력을 보여줄 수 있었을 것이라 생각한다.

또 영화 옥토버스카이(1999년 개봉)의 실제 주인공이기도 한 호머 히컵은 1940년대 콜우드라는 탄광촌에서 태어나 아버지의 뒤를 이어 광부가 되는 것이 당연시됐던 본인의 운명을 벗어나, 자신이 평생 하고 싶어 하고 관심 있어 했던 로켓 연구를 하게 된다. 그 과정에서 반대하는 부모 님, 어려운 집안 형편 등의 모든 장애물을 이겨내고, 마침내 전국 과학박 람회에서 로켓 추진체를 만들어 금메달을 받은 뒤 장학금을 타서 대학에 진학하게 된다. 그리고 결국 그가 꿈에 그리던 미항공우주국(NASA)에서 엔지니어로 일하게 된다. 호머 히컵의 이야기를 통해 자신이 하고 싶은 일을 하는 것은 자신의 앞을 가로막는 장애물마저 극복하고 앞으로 달려 나갈 수 있게 해주는 힘을 준다는 것을 알 수 있다.

그래서 나는 아이들에게 하고 싶은 일에 대해서 마음껏 도전해보라고 말해주고 싶다. 많은 사람들은 실패할 경우를 두려워해서, 하고 싶은 것 보다 하기 쉬운 것을 찾는다. 또 하고 싶은 일보다 사회적 안정성, 연봉, 사회적 지위 등을 고려해서 진로를 선택하기도 한다.

예컨대 나의 경우를 생각해보면, 내가 정말 하고 싶었던 일은 다른 사 람들에게 지식이나 교훈을 전달하거나 감동을 전할 수 있는 전달자로서 의 삶이었다. 즉, 강연가나 작가 등이 내가 정말 하고 싶었던 것이다. 그 러나 당시 강연가나 작가로서의 삶이 안정성이 부족하다고 생각하여, 사 범대를 택해서 안정적인 교사가 된 것이다. 그러나 나와 달리 우리 아이 들은 하고 싶은 일이 있다면 그 일에 자신 있게 도전했으면 한다. 특히 아이들이 다양한 경험을 통해 자신이 무엇을 하고 싶은지, 그리고 무엇을 잘하는지 찾을 수 있으면 좋겠다. 부모로서 아이들의 도전을 더욱 믿어주고 응원할 생각이다.

아들에게

...

'다양한 경험을 통해
너희가 정말 하고 싶은 것이 무엇인지 꼭 찾아내길 바란다.
그리고 실패를 두려워하지 말고 용기 있게 도전해보렴.

4

배움은 너희의 인생을 즐겁게 만들어줄 거야

최근 학교에서 졸업한 선배님들을 초청해서 다양한 주제로 진로 특강을 열었다. 내가 근무하는 학교는 오랜 전통을 가진 명문 공립고등학교인데, 이번에 진로 특강을 하러 오신 선배님들의 이력을 살펴보니, 다들 엄청나게 대단한 이력을 가지고 계셨다.

대부분 학계에서 이름만 대면 알 법한 유명한 교수님들이 오셨는데, 어쩌면 이 정도 수준의 진로 특강을 들을 수 있다는 것은 이 학교를 다니는 학생들만의 어마어마한 장점이라고 생각했다.

그런데 그 중 한 선배님(모 대학의 교수님이시다.)께서 나를 찾아와서는 교육청에서 당신께서 전공하시는 분야와 관련하여 고등학생 용으로 자료가 발간된 것이 있는데, 혹시 해당 자료를 찾아줄 수 있냐고 물어보셨다. 이미 그 분야에서 저명한 교수님이신데, 굳이 고등학생용의 수준 낮은 자료가 필요하시냐고 여쭤봤더니, 고등학생들에게 진로 특강을 하려면, 고등학생들의 눈높이에 맞춰야 한다며, 그 자료를 읽어보고 강의 준비를 하실 계획이라고 하셨다.

사실, 이 정도로 학계에서 저명하신 교수님이라면, 굳이 그것을 읽지 않아도 충분히 학생들에게 퀄리티 있는 강의가 가능하실 텐데도, 자료를 읽어보고 최대한 학생들의 수준에 맞춰서 하시겠다는 말씀을 듣고서 나는 매우 놀랐다. 또 그 교수님은 지금 일흔에 가까운 연세이심에도 이렇게 새로운 자료들을 살펴볼 때 당신은 꽤나 재미있다는 말씀도 하셨다.

나는 흰머리가 지긋하신 그 교수님을 보면서 배움에는 끝이 없고, 저 교수님은 배움의 진정한 즐거움을 알고 계시는 분이라는 생각을 했었다.

예전 학교에서 같이 근무했던 한 선생님도 기억에 남는다. 그 선생님은 퇴직이 얼마 안 남으신 기술 과목의 원로 교사셨는데, 다들 퇴근하는데도 퇴근하지 않으시고, 꼭 교무실에 남아서 뭔가를 하시곤 하셨다. 하루는 내가 방과후 수업을 마치고 늦게 교무실로 돌아왔는데, 그 선생님이 아직도 자리에 계시기에, 혹시 무슨 일 때문에 남아 계시냐고 여쭤본 적이 있었다. 그랬더니 하시는 말씀이 최근 기능장 시험을 준비하고 계시다고 하셨다. 그러면서 이미 기사 자격증은 가지고 있고, 내친김에 기능장을 같이 준비한다고 덧붙이셨다. 이 선생님은 은퇴 후, 자신이 하고 싶은 일에 도전하기 위해 기능장 시험에 도전하고 계셨던 것이다.(참고로 기능장은 쉽게 딸 수 있는 자격증이 아니다. 매우 상위 등급의 국가기술자격이다.)

당시 그 선생님이 나에게 이렇게 남아서 공부를 할 때가 요즘 가장 행복하다는 말씀을 하셨는데, 어쩌면, 저 선생님은 자기가 하고 싶은 공부를 하면서 배움의 진정한 즐거움을 찾으신 것이 아닌가 하는 생각을 했었다.

최근 6살 큰아들의 경우, 나와 같이 수학공부를 하고 있다. 아무래도 수학의 경우 어릴 때 어느 정도 기초를 잡아놓지 않으면 초등학교에서 수업을 따라가기 매우 힘들기 때문에 미리 나와 같이 하고 있는 것이다.

그런데 문득 아이가 아빠와 함께하는 수학공부를 새로운 것을 알아가는 즐거움으로 기꺼이 하고 있는 것인지, 아니면 정해진 수학 공부를 마치고 그 보상으로 신나게 놀 수 있기 때문에, 억지로 자리에 앉아서 수학 공부를 하는 것인지 걱정이 됐다.

아이에게 슬쩍 물어보니, 다행히 아빠와 수학 공부를 하는 것이 재미있단다. 그런데 문제가 잘 풀리면 재미가 있는데, 모르는 것이 자꾸 나오면 그때는 자꾸 졸려진다는 얘기도 했다.

아이의 말을 듣고 '수학을 공부할 때 단지 문제만 기계적으로 풀게 하는 것이 아니라, 그 속에 담긴 원리를 이해하면서 새로운 것을 알게 되는 즐거움을 줘야겠구나.'라는 생각이 들었다. 즉, 문제를 풀어서 정답을 잘 맞추는 것이 중요한 것이 아니라, 그 속에 담긴 원리를 이해하고 풀이 과정을 고민해보는 그 과정이 중요한 것이다. 아이에게 그 과정의 즐거움을 알게 해주고 싶다.

요새 많은 부모들의 새로운 걱정이 자식들이 대학교에 간 이후부터라고 한다. 예컨대, 중고등학교때 입시에 시달린 아이들이 대학교에 가서는 모든 것을 놔버리고 그동안 하지 못했던 유흥이나 게임 등에 빠져서 거의 폐인처럼 살아버린다고 한다. 내 옆자리 선생님도 아들이 우리나라의 가장 좋은 명문대를 갔는데, 최근 학점이 바닥을 찍을 정도로 공부를 하나도 하지 않고, 매일 밤새서 술 마시고 놀기에 바쁘다고 한다.

게다가 고등학생 때, 열심히 노력하여 명문대를 갔는데, 뒤늦게 배운 도둑질이 무섭다고 대학생 때 게임에 빠져 게임 폐인이 되어버렸다는 이야기도 심심치 않게 들려온다. 게다가 가장 큰 문제점은 고등학교 때 자기가 좋아서 스스로 공부를 한 것이 아닌, 학원이나 부모의 주도로 공부를 한 학생들의 경우, 대학교에 가서는 자기 스스로 어떻게 공부를 해야 할지 몰라서 우왕좌왕한다는 것이다.

새삼 아이들에게 결과와 상관없이 모르는 것을 배워가는 즐거움을 경험할 수 있게 해주는 것이 매우 중요함을 알겠다. 그 즐거움을 아는 학생만이 나중에 더욱 크게 발전할 수 있을 것이라고 생각한다. 또 아이들에게 부모가 먼저 그렇게 할 수 있는 모습을 보여준다면, 아이들도 자연스레 따라올 것이라 믿는다.

아들에게

...

너희가 새로운 것을 배워가는 즐거움을 알길 바란다.
배움은 언제나 끝이 없단다.

5

경쟁력 있는 자신만의 무기를 꼭 만들어야 해

    최근 회를 사러 소래포구에 아이들과 같이 놀러간 적이 있었는데 한 횟집에 최근 유명한 한 먹방 유튜버가 방문하여 엄청난 크기의 대방어 회를 혼자서 다 먹고 갔다는 홍보글이 붙어 있는 것을 보았다. 안그래도 요즘 유튜브에서 먹방(먹는 방송) 콘텐츠가 사람들 사이에서 인기를 끌고 있다는 것은 알고 있었지만, 개인적으로 맛있는 음식을 내가 먹는 것도 아니고, 남이 먹는 것인데, 그것을 굳이 내 시간을 소비하면서까지 볼 이유가 있나 싶어 먹방을 보는 사람들이 이해되지 않았었다. 그런데 큰 아들 세준이가 홍보글을 보더니 어떻게 저 사람 혼자서 저 많은 양을 다 먹을 수 있냐면서 놀라워하는 눈치다. 자꾸 나한테 한번 그 영상을 확인해보자고 한다.

나 역시도 왜 먹방이 사람들 사이에서 그렇게 인기가 있는지 궁금하기도 했던 터라 주문한 회가 나오는 동안 큰아들과 함께 관련 동영상을 찾아서 잠깐 보게 되었다. 정말 한 사람이 2, 3인분을 먹은 것도 아니고, 거의 10인분에 가까운 양을 혼자서 먹어치우는 것을 확인하고는 아들과 나는 놀라움을 금치 못했다.

그런데 먹방 동영상을 보면서 왜 먹방이 사람들 사이에서 인기를 끌고 있는지 어느 정도 이해할 수 있었다. 먹방은 사람들의 대리만족을 충족시켜줄 수 있는 요소를 갖추고 있었다. 사실 대부분의 사람들은 여러 가지 이유들로 그렇게 많은 음식을 먹지 못한다. 예컨대 나 역시도 라면을 굉장히 좋아하지만, 건강에 대한 걱정 때문에 한 달에 한두 번 먹는 정도에 그친다. 그런데 먹방 유튜버가 라면 10봉지를 끓여 김치와 함께 아무렇지 않게 먹어치우는 모습을 보니, 내가 먹고 싶지만 먹지 못하는 것을 대신 먹어주는 모습을 통해 어느새 대리 만족을 느끼고 있었다.

즉, 푸짐하고 다양한 음식을 쫙 깔아놓고는 먹방 유튜버가 맛있게 먹는 모습을 보여주니, 그렇게 먹지 못하는 사람들의 욕구를 대신 채워줄 수 있는 것이다. 실제로 많은 암환자들이 먹방 유튜버들의 방송을 보면서 음식을 잘 묵지 못하는 스트레스를 풀고 있다고 한다.

문득 먹방 유튜버들에게는 남들보다 큰 위장과 강력한 소화능력이 그들이 세상을 살아가는데 갖고 있는 강력한 무기라는 생각이 들었다.(소래포구를 방문했던 먹방 유튜버의 경우, 구독자가 백만 명을 넘으며, 한 해 벌어들이는 광고 수입만 해도 수십 억을 넘는다고 하니, 거의 준재벌이라고 봐도 무방할 것이다.)

먹방 유튜버뿐이겠는가. 성공한 사람들은 모두 저마다 내세울 수 있는 자신만의 무기를 가지고 있다. 심지어 타고난 얼굴이나 목소리마저 자신의 무기가 될 수 있다. 다른 사람에게 호감을 줄 수 있는 외모를 가지고 태어난 사람은 배우로서 큰 무기를 가지고 있는 셈이고, 목소리가 좋은 사람은 가수나 성우 같은 직업으로서 성공하기 위한 좋은 무기를 갖고 있는 것이다.(여기서 말하는 무기란 쉽게 말해 '재능'이라고 말할 수 있을 것이다.)

그렇다면 내가 내세울 수 있는 무기는 도대체 무엇인가.

나는 나만의 가장 강력한 무기는 다양한 생각의 연결 능력이라고 생각한다. 예컨대, 여름 언젠가, 집 앞의 하천 산책로를 거닐다가 그동안 계속된 가뭄으로 하천을 흐르는 물의 양이 많이 줄어든 것을 발견한 적이 있었다. 그러다 보니 큰 물길이야 아직 물이 충분히 흐르고 있기에 별 문제가 없지만, 예전 물이 많았을 때는 큰 물길과 연결됐던 곳이 지금은 하나의 웅덩이가 되어 큰 물길과의 연결이 끊겨버린 것을 발견했다. 그리고 그 웅덩이에는 미처 큰 물길로 가지 못한 물고기들이 헤엄치고 있는 것을 발견했다. 만약 가뭄이 조금만 더 지속되면 여기 웅덩이의 물고기들은 물이 말라서 모두 죽을 것이다.

당시 나는 웅덩이에 갇힌 물고기들에 보면서 부동산의 중요한 투자원리와 연결 지어 어떤 생각을 떠올렸었다.(나는 사실, 부동산에 관심을 가지고 투자와 공부를 꽤 오랫동안 병행해온 투자자이다. 졸저 『아들에게 들려주는 아빠의 부동산 이야기』란 책이 2023년 상반기 출간 예정이다.)

예컨대 비가 와서 물이 넉넉하게 있을 때에는 물고기들이 물가의 어디를 가든 물이 넘쳐나니 살기 괜찮았을 것이다. 그런데 점점 비가 오지 않아 물이 말라가기 시작했을 때는, 그나마 큰 물길에 있기라도 한다면 다음 비를 기다리며 어떻게든 살아남을 수 있지만, 웅덩이에 갇히기라도 하는 경우 다음 비를 기다리는 동안 죽음을 맞이할 수도 있는 것이다.

이런 점들을 부동산 투자와 연결 지어 생각한다면, 부동산 상승장(물이 넉넉한 경우)에서는 수도권이든 지방이든 어딜 사든 이익을 볼 수 있지만, 부동산 하락장(물이 부족해지는 경우)에서는 큰 물길(서울 및 핵심 수도권)에 있는 경우에만 그나마 살아남을 수 있고, 웅덩이(지방의 중소 도시나 수도권 외곽 부동산)에 갇힌 경우에는 큰 위기에 처할 수 있음을 떠올릴 수 있었다.(여기서 물은 유동성이라고 할 수 있겠다.)

한마디로 대세 상승장에서는 전국 어디를 사도 부동산 가격이 상승하여 큰 이익을 보는 것 같지만, 하락장이 왔을 때는, 멋모르고 지방 외곽에 잘못 물리기라도 하면, 웅덩이에서 죽음을 기다리는 물고기와 같은 신세가 될 수 있다는 것이다.

이처럼 어떤 현상을 보고 다양한 생각을 떠올리고, 그 생각들을 연결지어 하나의 글로 표현해낼 수 있는 것이 나의 가장 큰 무기라고 생각한다. 또한 자신의 무기를 가다듬고, 더욱 발전시켜 나갈 수 있는 사람만이 사회에서 자신의 꿈을 더 크게 펼쳐나갈 수 있다고 생각한다. 예컨대, 전 세계적으로 유명한 대한민국의 축구스타 손흥민 같은 경우, 아버지의 지도 아래, 골문에서 일정 거리가 떨어진 곳에서 슈팅을 때리면 골대 안에 들어갈 수 있게 수도 없이 연습을 했다고 한다. 일명 '손흥민 존(Zone)'을 만들기 위해 그렇게 노력을 했단다. 그리고 그 결과, 지금의 손흥민이 만들어질 수 있었다고 한다. 자신만의 무기가 얼마나 중요한지 새삼 알 수 있었다.

나는 이런 생각들을 옆에 앉아 있는 큰아들과 대화를 나누며 공유했다.

'저 먹방 속의 유튜버는 다른 사람보다 뛰어난 소화 능력이 자신만의 무기인 것 같아. 그 무기를 가지고 이렇게 많이 먹는 동영상을 만들어 돈을 벌고 있고 말이야. 그렇다면, 네가 나중에 성인이 됐을 때, 사회에 통할 수 있는 너만의 무기는 뭘까? 같이 한번 그 무기를 찾아서 더 발전시켜보자.'

큰아들이 문득 자기가 '클레이' 천재란다. 세준이는 유치원에서 클레이 수업을 특별활동으로 신청하여 매주 한 번씩 하고 있는데, 본인이 만들어낸 결과물이 꽤나 마음에 들었나 보다. 실제 자신이 만든 작품을 가져와서 보여주면 꽤나 그럴싸했다. 그러면서 선생님에게 잘 만든다고 이런저런 칭찬을 들었는데, 그걸 근거로 자기가 클레이 하는 것을 좋아하고 또 잘 만들기 때문에 이런 손재주를 자기 무기로 삼겠다는 것이다. 예전 같았더라면, 수학 문제를 푸는 능력, 독서를 하고 책의 핵심 내용을 파악할 수 있는 능력 같은 것들만 아이가 앞으로 발전시켜야 하는 좋은 무기(재능)라고 여기겠지만, 이제는 이렇게 클레이를 잘 만드는 것도 잘 활용할 수만 있다면, 미래 사회를 살아갈 아이에게 충분히 훌륭한 무기가 될 수 있다고 생각한다. 그래서 아이의 말에 강하게 공감을 하고 긍정을 해 주었다.

특히 아이들은 자신이 갖고 있는 무기(재능)를 찾아내기 위해 다양한 경험을 통해 스스로 탐색하는 과정을 거쳐야 하는데, 부모로서 아이들이 다양하고 새로운 것들에 대해서 두려움 없이 시도하고 경험해볼 수 있도록 도와줘야 한다고 생각한다. 또한 이제는 모든 것을 일정 수준 이상으로 잘하는 올라운드 플레이어가 되는 것보다 특정한 한두 가지를 남들보다 월등히 뛰어나게 잘하는 것이 세상을 살아가는데 더 큰 경쟁력이 될 수 있을 것이다. 또 그 무기가, 많은 사람이 아닌 소수의 사람만이 가진 무기라면, 그 무기의 효과는 엄청나게 커질 것이다. 우리 아이들이 그런 무기를 찾아낼 수 있도록 옆에서 도와줄 수 있으면 좋겠다.

아빠의
한마디

아들에게

...

너희만의 경쟁력 있는
무기를 찾아 더욱 발전시키길 바란다.

6

자본주의 사회에서 돈 공부는 필수란다

나의 아버지는 시골의 가난한 마을에서 9남매의 장남으로 태어나 어릴 때부터 온갖 고생을 겪으며, 바닥에서부터 힘들게 조금씩 올라오신 분이다. 어머니도 또한 가난한 집의 장녀로 태어나 중학교까지만 학업을 마치시고는 어릴 때부터 부모님을 도와 온갖 일을 안 해본 것이 없으시다.

이렇게 가난한 두 집의 장남, 장녀가 만나 아이 셋을 낳고, 그 아이들을 데리고 서울로 올라오셔서, 그 힘들고 어려운 상황에서도 세 아이들을 키우기 위해 최선을 다해 노력을 하셨다.

지금 생각해도 너무 안타까운 것이, 두 분 모두 어릴 때부터 워낙 고생을 하며 자라시다 보니, 부동산이란 무엇인지, 돈은 어떻게 움직이고 있는지 같은 것들을 공부하지 못하신 것이다. 아이가 셋인 외벌이 상황에서 그 흔한 청약 한 번 넣은 적이 없으시고, 오로지 돈을 아끼고 모아서 집을 마련하려고 하셨다. 돈을 모으는 속도는 집값이 오르는 속도를 결코 따라 잡을 수 없는데 말이다. 게다가 빚도 좋은 빚과 나쁜 빚이 있음에도 빚은 절대 내면 안 되는 무서운 것이라고 늘 가르치셨다. 그나마 어머니께서 서울에 집을 마련하겠다는 일념 하나로 어떻게든 집을 사시기 위해 노력을 하셨고 그렇게 산 집이 가격이 올라 점점 더 나은 곳으로 갈아타기를 하신 끝에 조금씩 집안 형편이 나아지기 시작했다. 어머니의 투자 덕분에 자산이 조금씩 늘어나기 시작한 것이다.

그럼에도 나는 부모님에게 어릴 때 돈 공부에 대해 제대로 배우지 못했다. 심지어 그 가난한 환경 속에서도 아르바이트 같은 것을 해본 경험이 없다. 중학생 때, 돈이 필요해서 친구들과 방학 때 신문배달을 하겠다고 했다가 아버지에게 엄청 혼났던 기억이 난다. 아버지께서는 늘 아르바이트 같은 것을 하지 말고, 그 시간에 공부나 하라고 말씀하셨다. 그런데 문제는 용돈이란 것을 받아본 적이 없다 보니, 돈이 필요한데 없는 상황에서 돈을 벌기 위한 방법을 찾기 위해 노력한 것이 아니라, 돈이 없는 그 상황 자체를 참고 견디는 것을 배우게 된 것이다.(사실 아버지도 월급

외의 수입을 늘리기 위해 노력하신 것보다 정해진 월급 안에서 극도로 아끼고 절약하는 모습을 보여주셨다.)

어머니도 나에게 늘 '돈, 돈' 하지 말고 돈은 없어도 되니 마음 편하게 살라고 하신다.(물론 자식이 돈 걱정하며 스트레스 받을까 봐 걱정해서 하신 말씀일 것이다.)

어쨌든 이렇게 어릴 때부터 길러진 나의 참을성과 절약 정신은 나중에 사회생활을 하면서 종잣돈을 모으는 데 큰 도움이 됐었다. 그런데 한편으로 참 안타까웠던 것은 이렇게 모은 종잣돈을 은행예금에 넣어서 은행 이자를 받는데 사용한 것이었다.(참고로 그 당시는 기록적인 저금리상황이었다.)

금리와 기회비용은 무엇인지, 인플레이션이 무엇인지 알지도 못했다. 최소한 나 스스로라도 돈 공부를 했어야 했건만, 차곡차곡 월급을 받아 아껴서 저금을 하면 언젠가는 나도 남부럽지 않게 살 수 있게 되는 줄 알았다.

당장 은행 예금만 해도, 당시 2%대의 예금 금리였던 것으로 기억하는데, 그 이자에서 세금까지 떼고 나면, 물가 상승률에도 한참 못 미치는 예금 이자를 1년이란 시간과 맞바꿔 받은 셈이다. 예를 들어, 예금 금리가 2%라고 했을 때, 물가 상승률이 3%이면, 내가 1년 뒤 돌려받는 돈의 가치는 오히려 떨어지게 된 셈이다.

그리고 은행은 우리가 입금한 돈을 가지고 다른 기업이나 가계에 더 비싼 금리로 대출을 해주기 때문에 앉은 자리에서 예금과 대출금리의 차를 이용한 예대마진을 갖게 된다. 한마디로 은행 예금을 통해 은행 좋은 일만 시켜준 것이다.

현대 자본주의 사회에서는 돈공부가 필수이다. 경제를 모르고, 돈의 본질을 모르면 결국 평생 노동을 통해 밥을 먹고살아야 한다. 그러다 나이를 먹고 노동을 할 수 없게 되는 상황이 오면, 그때는 수입이 없어지고 삶의 질이 뚝 떨어지게 된다. 그동안 모은 돈이나 혹은 국가의 지원으로 근근이 살아야 한다.

그래서 우리 아이들에게는 일찍부터 돈에 대해서 알려주고, 금리가 무엇인지, 돈은 어떻게 흘러가는지 등에 대해 알려주고자 했다. 예컨대, 금리에 대해 알려줄 때면, 아이들의 눈높이에 맞춰서 쉽고 자세하게 설명을 해주는 것이다. 이를 테면, 금리는 '예금 이(리)자'라고 생각하면 쉽다. 더 쉽게 말하자면, 금리란 돈의 가치라고 생각하면 된다. 만약 은행에 1

억을 예금해놨는데, 금리가 10%면 1년에 1,000만 원의 이자를 받게 되고,(세금 등은 고려하지 않고.) 만약 금리가 5%면 1년에 500만 원의 이자를 받게 된다. 같은 액수의 돈이라도 금리에 따라 그 가치가 달라진 것이다. 즉, 금리가 10%일 때 5%의 금리보다 더 많은 이자를 받을 수 있기에 금리가 커질수록 그만큼 돈의 가치는 더 커지게 되는 것이다.

이런 식으로 금리가 무엇인지 아이들에게 천천히 설명을 해주는 것이다. 특히 전 세계에서 돈을 잘 벌기로 소문난 유태인들의 경우, 밥상머리에서부터 아이들에게 이런 금융 공부를 시킨다고 하니, 유태인 중에서 전 세계의 돈을 좌지우지 하는 사람들이 많이 나온 것도 이해가 간다.

특히 아이 이름으로 어릴 때부터 투자를 해보게끔 하는 것도 돈 공부에 큰 도움이 된다. 나 같은 경우는 두 아이들에게 1,000만 원씩 증여를 하여, 그 돈으로 아이들과 의논하여 주식에 투자해놓았다. 특히 아이들은 아직 어리기에 시간의 힘을 빌려 오랫동안 묵힐 수 있는 회사의 주식에 투자를 하였는데, 당시 투자한 회사는 '머크(MRK)'라는 미국의 제약회사이다.

어머니께서 현재 암투병을 하시다 보니, 병원에 어머니를 따라 갈 때마다 얼마나 많은 사람들이 암투병을 하고 있는지도 직접 보았고, 특히 항암제의 경우 국가에서 일정 부분만 급여 지급을 하고, 나중에는 비급여 약이라도 사용을 해야 하는데, 비급여 약은 1번 사용하는데 몇 백만 원이 드는 고가의 약들이 많다. 그 중 키트루다라는 항암제가 전 세계적으로 블록버스터급 매출액을 기록하고 있는데, 이 키트루다를 만든 제약사가 바로 머크인 것이다.

당시 암카페 등을 통해 키트루다를 사용하고 있는 사람들이 꽤 많은 것을 확인할 수 있었고, 암환자 입장에서는 돈이 얼마가 들든, 나을 수 있다면 돈을 사용할 수밖에 없기 때문에 키트루다의 매출액이 어느 정도 계속 상승할 것이라고 보았다. 또 이미 전 세계에서 널리 사용하고 있는 유명한 자궁경부암 백신도 머크에서 만든 것이었기에 충분히 머크라는 회사가 투자할 가치가 있다고 판단하여 아이들 이름으로 주식을 사게 된 것이다.

물론 이 모든 과정을 큰아들과 이야기를 나누며 투자를 진행하였다.(작은 아들은 당시 두 살이어서, 제 형과 똑같이 투자를 하였다.)

당시 74불에 매수를 하였는데, 2023년 2월 무렵 110불을 향해 가고 있으니, 꽤 준수한 상승률이다. 어차피 지금 당장은 팔 생각이 없기 때문에 가끔 확인을 하는 정도에 그치고 있는데, 큰아들이 자신의 주식이 지금 얼마인지 궁금한 모양이다. 요즘 머크는 주가가 얼마인지, 그리고 요새 매출액은 늘었는지, 회사가 벌어들이는 순이익은 어느 정도인지 나에게 물어본다.

그리고 어디서 듣고 왔는지, 코로나 백신이 한창 유행일 때는 백신을 맞는 사람이 이렇게 늘어나고 있으니, '화이자'라는 제약사를 사야 한다며, 나에게 건의를 하기도 했다.(물론 자금의 여유가 없어서 화이자는 사지 않았다.)

또 부동산 투자도 마찬가지이다. 가끔 우리가 투자한 아파트들에 대해서 왜 투자를 했는지 설명해주기도 하고, 어떤 입지에 있는 아파트를 사야 가치가 오를 수 있는지 알려주기도 한다. 예컨대, 예전 아이들과 소래포구에 놀러간적이 있는데, 소래포구역 바로 앞에 있는 아파트에 투자를 해놓은 것이 있었다. 그 아파트 단지에 들어가 우리가 샀었던 집을 보여주며, 왜 아빠가 이 아파트에 투자를 했는지 설명을 해주었다. 소래포구역 같은 경우에 현재 월판선이라는 새로운 지하철이 지나갈 예정인데, 지하철 착공까지 거의 9부 능선을 넘은 상황이다. 당연히 새로운 교통수단이 생기면, 그리고 그것도 핵심 일자리들이 있는 지역을 관통하는 교통수단이라면, 그 지역의 지가(땅값)는 오를 수밖에 없다. 아파트는 콘크리트 건물만 있는 것이 아니라, 일정 비율의 땅도 소유를 하고 있는 셈인데, 지가가 오르면 당연히 내가 가진 아파트의 땅 가격도 오를 것이기에 역세권 아파트에 투자를 한 것이라고 알려주었다. 큰아들도 이해를 했는지 고개를 끄덕끄덕한다. 나는 아이들에게 투자에 대해 '넌 아직 몰라도 돼.'라고 말하며 거리감을 심어주기보다, 가깝고 친숙하게 만들어주고 싶다.

무엇보다 돈은 자본주의 사회를 살아가는 데 매우 소중한 것인데, 아직도 우리 사회는 돈에 대해 말하는 것을 천박하다 생각하고, 돈을 추구하는 사람들을 부정적으로 보는 경향이 강하다고 생각한다. 물론 돈이 있다고 무조건 행복한 것은 아니지만, 돈이 없으면 행복하게 살 수 있는 가능성이 훨씬 낮다. 그러니 돈에 대해 좀 더 솔직해지고, 아이들에게 돈에 대해 금기시하며 돈을 부정적으로 보는 마인드를 물려주는 것보다, 돈의 소중함에 대해 일찍 알려주는 것이 필요하다고 생각한다.

예컨대 이번 여름에 경주에 있는 외할머니 집에 놀러갔을 때, 세준이가 외할머니집 마당에 있는 커다란 보리수나무에서 굵직굵직한 보리수 열매를 꽤나 많이 딴 적이 있었다. 생각보다 제법 양이 되기에, 그 열매들을 가지고 경주 5일 장에 나가 팔아보자고 아이와 이야기를 했다. 사실 시골에서는 보리수 열매가 흔한 것이니, 누가 사줄까 싶었음에도 한번 아이들에게 돈을 버는 경험을 시켜주고 싶어서 5일장에 나간 것인데, 이

왕 해보는 것 제대로 해보자 싶어서 우리도 돗자리를 깔고, 본격적으로 보리수 열매를 팔기 시작했다.

그런데 의외로 지금까지 당당하던 세준이가 부끄러워하면서, 그냥 앉아만 있는 것이었다. 내가 아빠를 따라 해보라고 목청껏 '보리수 열매 사세요.'라고 외치는 시범을 보여주었음에도, 자꾸 부끄러워하며 다 기어들어가는 목소리로 '보리수 열매 좋아요. 이거 사주세요.'라고 말하는 것이었다. 그 전까지는 자기가 얼른 다 팔아보겠다면서 기세등등하게 나왔었는데, 막상 나와서 외치려니 부끄러운 모양이었다. 내가 세준이에게 이렇게 나와서 물건을 팔아 돈을 벌어보는 것이 어떠냐고 물어보니 돈버는 게 쉬운 것이 아님을 알겠다고 한다.

그런데 웬걸, 시골에서는 아이들이 참 귀한 편인데, 돗자리에 여섯 살 세준이와 두 살 세환이가 앉아 있는 모습이 드문 광경이었나 보다. 게다가 어느새 여섯 살 세준이가 보리수 사라고 외치는 소리까지 들으셨는지, 여기저기서 할머니, 할아버지들이 오셔서는 아이가 직접 땄냐고 물어보시고, 사주시기 시작하셨다. 심지어 어떤 할아버지는 팔고 남아 있던 여섯 바구니 모두를 달라고 말하시며, 아이들 보고 할아버지가 다 팔아줄 테니 얼른 집 가서 놀라고 말하시기도 하셨다.(한 바구니에 1,000원씩 팔았으니 무려 6,000원어치를 사주신 것이다. 시골의 '정(情)'을 새삼 느낄 수 있었다.)

보리수 열매를 다 팔고, 무려 18,000원의 거금을 손에 쥔 세준이는 아까의 부끄러움은 간 데 없이 기세등등해져서, 이렇게 고생해서 돈을 벌었으니 함부로 쓰지 않고, 이 돈을 가지고 자기가 투자를 해야겠단다. 좋은 회사의 주식을 사겠다고 해서 어디를 살지 한번 이야기를 나눠보자고 했다. 이렇게 직접 물건을 팔아보고 돈을 벌어본 경험이 세준이에게 평생 좋은 공부가 될 수 있을 것이라고 생각한다.(사실 내 생각에는 보리수 열매를 모두 팔 수 있었던 것은 세준이가 잘 팔았다기보다는 세준이 뒤쪽에서 이리저리 기어다니는 2살 세환이의 역할이 더 컸다고 본다.)

좋든 싫든 자본주의 사회를 살아갈 우리 아이들에게 반드시 돈 공부를 시키자. 빠르면 빠를수록 좋다.

아들에게

...

'우리가 살아가는 자본주의 사회에서는
좋든 싫든 반드시 돈공부를 해야 한다.'

7

목표를 이루기 위해 노력하는 삶을 살아가렴

요새 큰아들 세준이가 푹 빠진 놀이가 하나 있다. 바로 종이비행기를 접어서 날리는 놀이이다. 하도 많이 종이비행기를 접어서 날리다보니, 집안 곳곳에 종이비행기가 여기저기 없는 곳이 없을 정도이다.

처음부터 세준이가 종이비행기를 잘 접었던 것은 아니었다. 종이비행기를 본인이 접어보려고 해도 아직 손힘이 부족한지, 잘되지 않아서 자꾸 나에게 와서 접어달라고 했었다. 그리고 몇 개를 더 접어달라고 하더니, 모두 날려보고는 가장 잘 나는 것을 자기 것으로 하고, 잘 날지 못하는 것이 아빠 것이란다. 그러면서 자기와 같이 종이비행기 날리기 시합을 하잔다. 시합에서 이기기라도 하면 좋아서 펄쩍펄쩍 뛰곤 했다.

그런데 내가 계속 종이비행기를 접어줄 수도 없는 노릇이고 해서, 큰아들 세준이에게 이제 각자 종이비행기를 접어서 그 비행기를 가지고 날리기 시합을 해보자고 제안했다. 그랬더니 자기는 아직 잘 못 접는다고 하며 지레 겁을 먹고 포기하려고 했다.

나는 아들에게 무슨 일이든지 처음에는 당연히 어렵지만, 하다보면 실력이 금방 늘 것이라고 설득하며, 종이비행기 잘 접기를 목표로 삼아서 아빠와 같이 노력해보자고 말했다. 그랬더니 목표가 도대체 뭐냐고 물어본다. 내가 목표는 '이루고 싶은 것'을 의미한다고 하니, 자기는 진짜 종이비행기를 잘 접어보고 싶다고, 그것을 목표로 해보자고 동의를 했다.

목표가 생겨서 그런가, 갑자기 큰아들이 안 보이면 어김없이 어딘가 구석지에서 열심히 뭔가를 접고 있다. 바로 종이비행기다. 그렇게 며칠을 접고 나니, 이제 꽤나 종이비행기다운 모습으로 잘 접어내기 시작했다.

심지어 이제는 나보다 더 잘 접는다. 어느 날은 내가 만든 종이비행기보다 세준이가 만든 비행기가 훨씬 잘 날아서 칭찬을 해줬더니, 어깨가 으쓱해서 기분이 좋은 모양이다. 이제는 다른 모양의 종이비행기도 자기가 생각한대로 이것저것 접어보고 있다. 하루는 자기가 만든 비행기는 날개가 4개라면서 나한테 보여주는데, 비행기 날개를 가위로 잘라서 4개로 만든 것이었다. 날개를 가위로 자른 탓에 당연히 잘 날지는 못했지만, 자기 딴에는 날개가 4개면 더 잘 날 것이라고 생각하고 날개를 잘라놓은 것이 분명해서, 나도 모르게 웃음이 나왔다.

사람은 이렇게 무언가 목표를 설정하고, 목표를 이루기 위해 노력하는 것이 무척 중요함을 새삼 깨달았다.

나 역시도, 예전 교사가 되기 위해 임용고사를 준비하던 때가 생각난다. 그때는 임용고사가 가장 큰 목표였었고, 그 목표를 이루기 위해 최선을 다해 노력하고 집중을 했었다. 반드시 이루어야 할 목표가 있으니, 하루하루 열심히 공부를 했었다.

그런데 임용고사에 합격 이후 그동안 계속 이루고자 했던 큰 목표가 사라지니, 나는 뭔가 모를 허전함을 많이 느꼈다. 임용고사를 준비할 때는 두려움과 초조함에 얼른 이 시험이 끝났으면 했는데, 막상 시험이 끝나고 시간이 지나 나중에 생각해보니, 목표에 몰입할 수 있었던 그때가 그리웠던 것이다. 그 후 이런저런 크고 작은 목표들을 다시 세우긴 했지만, 예전 임용고사를 준비할 때만큼의 집중력과 노력이 잘 나오지 않았고, 그때의 그 몰입도가 그리워서 일부러 예전에 미친 듯이 빠졌던 게임을 해보기도 했었다. 그런데 게임을 해도 생각만큼 예전의 즐거움이 느껴지지 않았다. 그러다가 다시 이루고 싶은 새로운 목표들을 설정하면서 그 허전함이 사라지고, 다시 뭔가에 집중할 수 있게 되었다.

최근 내가 집중하고 몰입하고 있는 것은 바로 글쓰기이다. 평소 직접 경험했던 다양한 소재거리들에 대한 내 생각을 글로 써서 책으로 엮어내는 것이 나의 새로운 목표이다. 내가 떠올린 다양한 생각들을 백지 위에 내 마음대로 그려내는 것이 나한테 큰 재미를 준다.

최근 큰아들 세준이는 '종이비행기 잘 접기' 목표를 달성하고는, 이제 새로운 목표로 아빠와 같이 글을 한편 써보기로 했다. 글을 쓰기 위해서는 한글을 잘 쓸 수 있어야 하기 때문에 현재 나와 같이 매일 신나게 한글 쓰는 연습을 하고 있다. 게다가 단기 목표뿐만 아니라, 단기, 중기, 장기 이렇게 3개로 나누어서 목표를 설정하였는데, 장기 목표는 무조건 '부자 되어서 하고 싶은 것 하면서 살기'라고 한다.

사람은 목표가 있어야 활기를 갖게 된다고 생각한다. 목표 없이 하루

하루를 살아가게 되면, 매일 무의미한 삶의 반복일 뿐이다. 우리는 자신이 이루고 싶은 목표를 설정하고, 그 목표를 조금씩 이뤄가는 모습을 통해 더욱 발전할 수 있다. 일신우일신(日新又日新)이라는 말처럼, 우리는 날로 새롭고 또 날로 새로워질 수 있어야 한다. 아이들이 목표를 가지고 노력할 수 있도록 도와주자. 오늘 하루도 내가 이뤄낸 놀라운 일들을 떠올리며 잠자리에 들기를 소망한다.

아들에게

...

"목표를 세우고 최선을 다해 노력한다면,
언젠가는 반드시 이뤄낼 수 있을 거야."

8

진입장벽과 확장성이 있는 일을 택했으면 한다

며칠 전, 큰아들을 데리고 집 앞에 있는 무인 편의점에 갔는데, 자기가 좋아하는 것들이 잔뜩 있으니, 꽤나 좋아보였나 보다. 이 무인 편의점이 돈을 많이 버냐고 물어보더니, 자기도 이걸 해야겠단다. 그러면서 이걸 자신의 직업으로 삼아 돈을 많이 벌어보겠다고 해서, 큰아들 세준이와 무인 편의점과 관련하여 직업에 대한 이야기를 나누게 되었다.

요새 세준이가 상당히 관심 있어 하는 분야는 바로 돈이다. 왜 돈을 많이 벌고 싶은지 물어보니, 본인이 돈을 많이 벌어서 아빠를 직장에 보내지 않고, 자기와 계속 같이 놀게 하겠다는데, 사실 그 말에 어이가 없어서 웃음이 나오기도 하지만, 그래도 아이 나름대로 이런저런 근거를 들어서 말하는 것을 들어보면 꽤나 그럴싸하기도 하다.(사실, 나도 직장에 가지 않고, 아이와 같이 놀고 싶다.)

어쨌든, 무인 편의점과 관련하여 내가 세준이에게 들려준 이야기는 다음과 같다.

우선 첫째, 직업을 선택할 때, 사람들이 의외로 간과하는 것이 바로 진입장벽이다. 쉽게 풀어서 말하자면, 누군가 어떤 일을 하고자 했을 때, 별다른 장애물 없이 쉽게 할 수 있는 것인지, 아니면 어떤 이유로 인해 그 일을 하기가 쉽지 않은 것인지 생각해봐야 한다는 것이다. 만약 따기 어려운 자격증이 필수적으로 요구된다거나 많은 자본이 필요한 일이라면 그 일은 새롭게 시작하는 것이 어렵기 때문에 진입장벽이 높다고 말할 수 있겠다.

그런데, 앞서 세준이가 말한 무인 편의점은 진입장벽이 매우 낮은 편에 속한다. 예컨대 만약 내가 무인 편의점을 내고 싶으면, 지금이라도 충분히 낼 수 있다. 또 만약 어떤 목 좋은 자리에 무인 편의점이 들어와서 돈을 잘 벌고 있다면, 바로 그 주변에 여러 곳의 무인 편의점이 들어설 수도 있다. 마음만 먹으면 누구나 쉽게 창업할 수 있기에 진입장벽이 낮은 것이다. 실제로 '소액투자를 통해 무인 편의점 창업하기' 같은 투자 강의가 여기저기 잘 팔리고 있기도 하다.

그러나 내 개인적인 생각으로는 이렇게 진입장벽이 낮은 업(業)이라면, 지금도 레드 오션인지는 잘 모르겠으나, 빠른 시간 안에 레드 오션이 될 가능성이 매우 높고, 그렇게 되면 당연히 수요보다 공급이 많아지게 되어, 그걸로 성공하기에는 매우 어려워지지 않을까 싶다. 그나마 원래 본업이 따로 있고, 이것을 부업으로 삼아 적은 돈이라도 어느 정도 벌어 보겠다고 한다면, 꽤 괜찮은 선택지가 될 수 있지만, 이런 편의점 사업을 본업으로 삼는다면, 진입장벽이 낮은 상황에서 다른 사람들과의 치열한 경쟁에서 이기기 위해 더욱 큰 노력을 해야 하고, 운도 따라줘야 될 것이다.(부업으로 삼는다 해도 들어가는 노력과 시간 대비 비효율적인 일이 될 수도 있다.)

그렇다면 진입 장벽이 높은 일은 어떨까? 요즘 이과생들이 선호하는 의학 계열을 예로 들어보자. 일단 의학 전공 계열은 많은 학생들이 선호하다 보니, 해당 전공 대학에 입학하기가 어렵다. 이과에서 가장 우수한 학생들이 의학 계열을 주로 선택하다 보니, 웬만한 성적으로는 명함도 못 내민다. 이렇게 대학을 가서는 일반 대학교보다 더 오랜 시간 공부를 열심히 해야 하고, 수련 경험도 쌓아야 한다. 게다가 졸업 후에는 국가고시 시험도 합격해야 한다. 한마디로 의사 면허를 따기까지 진입 장벽이 엄청나게 높다는 말이다. 그러다 보니, 의사들의 대우라든지, 벌어들이는 돈은 여러 직업군 가운데서 매우 상위권에 위치해 있다.

단순히 우리 아이들에게 돈을 많이 벌기 때문에 너도 의사를 선택하라는 말이 아니다. 이렇게 진입 장벽이 높은 일을 선택해야 당연히 수요-공급의 법칙에 의해 더 나은 대우를 받을 수 있다는 말이다. 또 다른 예로, 따기 어려운 각종 자격증들을 소유한 사람이나 혹은 산업기술직에서 명장이라는 소리를 듣는 전문 기술자들을 말할 수 있겠다. 이런 분들은 분명 자신의 직업과 관련하여 확실한 진입 장벽을 가지고 있는 것이다. 내가 가진 직업이 진입장벽이 높으면 아무나 쉽게 들어올 수 없고, 당연히 해당 일을 할 수 있는 것에 대해 프리미엄을 받을 수 있다. 그래서 나는 우리 아이들이 가급적 진입 장벽이 높은 일들을 선택했으면 한다.

두 번째로, 우리 아이들이 확장성과 발전성이 있는 일들을 선택했으면 한다. 최근 미국의 모 핵융합 발전 연구소에서 핵융합을 통해, 들어가는 에너지 대비하여 더 많은 에너지를 뽑아내는데 성공했다는 연구 결과를 발표했다고 한다. 핵융합은 미래의 청정에너지 기술로 불리는데, 이 기술이 만약 성공한다면, 미래의 차세대 에너지로서 엄청난 파급력을 가지고 올 것이다.(특히 이 핵융합 기술은 아인슈타인의 그 유명한 상대성 이론에서부터 시작되었다고 한다.) 그런데 이런 연구 결과가 과연 믿을 만한 결과인지는 논외로 하기로 하고, 여기서 생각해볼 만한 점이 바로 하는 일의 확장성과 발전성이다. 예컨대, 단순 반복에 가까운 일이라든지, 혹은 기계로 대체될 수 있는 일들은 확장성이 부족하고, 발전성은 두말할 필요도 없이 거의 없다고 보면 된다. 사실 내가 근무하는 교직도, 안정성 측면에서야 높은 평가를 받을 수 있지만, 확장성과 발전성 측면은 부족하다고 생각한다. 매년, 거의 비슷한 내용을 학생들에게 전달하고, 학생의 수준에 맞는 지식만을 전달해야 하기에 지식의 확장이 일어나기 어렵다. 또 교사가 아무리 능력이 뛰어나도 결국 같은 월급을 받고, 정해진 학생만 가르칠 뿐이다. 그래서 발전성이나 확장성 면에서 부족하다고 생각하는 것이다.

반면 위에서 말한 물리학자의 경우, 이론뿐 아니라 실제 현실에 대한 적용이 얼마든지 무궁무진하게 발전할 수 있다. 게다가 특정 이론과 관련하여 만약 실용화된 기술이라도 만들어낼 경우, 전 세계 사람들을 상대로 해당 기술을 팔 수 있으므로, 확장성 면에서도 어마어마한 셈이다. 즉, 자신이 연구한 내용과 관련하여 혁신적인 아이디어를 바탕으로 놀랄 만한 아이템들을 세상에 내놓을 수 있다면, 확장성과 발전성 측면에서 매우 뛰어나다고 말할 수 있을 것이다.

또한 책을 쓰는 것과 관련해서도 확장성이나 발전성에 대해 생각해볼 수 있다. 예컨대 한국의 부동산과 관련된 책은 한국에서만 팔릴 수 있다. 한국의 부동산은 전세라는 특수한 제도가 있어서 다른 나라의 부동산에 적용하기 어렵기 때문이다. 그런데, 전 세계에서 베스트셀러가 된 해리포터 책을 떠올려보라. 마법사가 나오는 이 재미있는 소설책은 전 세계를 상대로 판매가 가능했다. 덕분에 작가인 조앤 롤링은 어마어마한 부자가 될 수 있었다. 만약 해리포터 책이 한국 부동산과 관련된 책이었으면 전 세계에서 팔릴 수 없었을 것이다. 한마디로 해리포터 책은 독자의 확장성이 부동산 관련 책보다 더 컸기 때문에 훨씬 많은 이익을 벌어들일 수 있었던 것이다.

이와 비슷한 사례로 유튜브도 들 수 있다. 인기 있는 유튜버의 경우 국내를 넘어 전 세계에 수백, 수천만 명의 구독자가 있고, 이런 유튜버들은 월 수십 억씩 큰 수익을 얻고 있다. 확장성이 엄청나게 큰 셈이다. 또 만약 게임 유튜버 중에, 비슷한 방송 실력을 가지고 있고, 재미도 비슷한 두 명의 유튜버가 있다고 해보자. 이런 경우, 더 많은 사람들이 즐기는 게임을 방송하는 유튜버가 더 큰 돈을 벌 것이다. 한마디로 수요의 확장성이 더 큰 쪽이 더 크게 성공할 수 있는 것이다.

우리 아이들도 진로를 결정할 때, 자신이 좋아하고 잘하는 일을 선택하는 것이 그 무엇보다 중요하겠지만, 그래도 가급적 진입장벽의 유무 및 확장성과 발전성을 고려하여 직업을 선택했으면 한다.

아빠의
한마디

아들에게

...

'가급적 진입장벽이 있는 일을 선택하되,
안정적인 일보다 발전성이 있는 일에 과감하게 도전해보길 바란다.'

9

훌륭한 리더로서 집안을 잘 이끌어가야 해

큰아들 세준이는 밤마다 아빠와 이것저것 이야기를 나누다 자는 것을 무척 좋아한다. 그래서 하루 일과 중 하나가 오늘 세준이에게 들려줄 재미있는 이야깃거리를 준비하는 것이 되어버렸을 정도이다. 며칠 전부터 세준이에게 들려주고 있는 이야기는 중국 진시황제의 진나라 이야기부터 시작하여 그 후, 유방과 항우의 대결, 이제는 위, 촉, 오의 삼국지 이야기까지 나간 상황이다. 그런데 며칠 동안 이 몇 개 나라의 흥망성쇠 이야기들을 듣더니, 세준이가 궁금증이 생긴 모양이다. 가만히 나에게 질문을 한다.

세준 : "아빠, 천하를 통일할 정도면 엄청 강한 나라일 텐데, 왜 다음에 그렇게 쉽게 망했어요?"

아빠 : "음, 그건 아무래도, 다음 왕이나 권력자가 어리석어서 그렇지. 예를 들어 진시황제도 다음 후계자였던 호해가 엄청 바보였거든. 노는 것만 좋아하고, 모든 권력은 간신이었던 조고가 다 가지고 있었으니, 나라가 당연히 망할 수밖에 없지."

그러면서 나는 세준이에게 다음 이야기도 덧붙였다.

아빠 : "세준아, 그러면 만약 어리석은 사람이 한 집안을 이끌어가고 있다면, 그 집안은 어떻게 될까?"

세준 : "당연히 망하겠지!"

아빠 : "그러니까 말야, 이렇게 커다란 한 나라도 왕이 잘못 다스리면, 순식간에 망하는데, 만약 한 집안을 이끌어가는 사람이 바보 같으면, 금방 망하겠다. 그러니까, 세준이도 언젠가는 결혼을 하고, 아이를 낳아서 한 가정을 책임질 텐데, 그때는 최선을 다해서 열심히 가정을 이끌어가야겠다. 그렇지 않을까?"

세준 : "맞네! 그러면 우리 집은 아빠랑 엄마가 지금 이끌어가고 있는 거네."

아빠 : "그렇지, 그래서 아빠랑 엄마도 지금 최선을 다해서 노력하고 있지. 이런저런 공부도 열심히 하고, 투자도 해서 돈도 많이 벌려고 하

고, 무엇보다 너희들도 열심히 키우고 있잖아."

세준 : "나도 그럴게."

세준이는 이야기를 듣다 어느새 잠들고, 나는 한 집안을 잘 이끌어가는 훌륭한 리더의 역할은 무엇인지 잠시 생각에 잠겼다.

내가 생각하는 훌륭한 리더의 역할은 크게 안정, 화합, 발전 이렇게 3가지라고 생각한다. 우선 한 가정을 이끌어가는 리더로서 부모는 아이들에게 최소한 인간답게 살 수 있는 안정적인 생활을 제공해야 한다. 예컨대 안정적으로 쉴 수 있는 주거지를 우선적으로 제공해야 하고, 필요한 곳에 이런 저런 경제적 지원을 할 수 있는 경제력을 갖춰야 한다. 두 번째로 구성원 간의 사랑, 서로에 대한 믿음 등을 바탕으로 한 가족이라는 든든한 울타리 속에서 구성원들을 화합시킬 수 있어야 한다. 간혹 돈 문제나 이런저런 갈등 때문에 서로 남 보듯이 하며 갈라서는 가족들도 많은데, 만약 서로 간에 믿음과 사랑이 있었다면, 그런 일은 생기지 않았을 것이다. 마지막으로 현재의 상황에 충실하며 미래를 잘 설계하여 한 집안을 옳은 방향으로 더 발전시켜나갈 수 있어야 한다. 무엇보다 가족 구성원들을 앞에서 끌고 가는 것만이 리더의 역할이 아니다. 구성원들끼리 소통을 통해 구성원들의 잠재력을 최대한 끄집어낼 수 있도록 도와줄 수 있는 그런 리더가 되어야 할 것이다.

최근 이 추운 날씨에 사흘 동안 방치된 한 2살짜리 아기가 숨진 너무나 안타까운 사건이 발생했다. 아기의 든든한 울타리가 되어야 할 부모는 서로 별거한 채, 20대 어린 엄마 혼자서 생활고에 시달리며 그 아기를 키워오고 있었고, 엄마가 집을 비운 사이에 아기가 그만 숨지게 된 것이다. 아기를 혼자 방치해버린 이 부모는 사정이 어떻든 간에 어떻게 보면 한 가정을 이끌어가는 리더로서 자격 미달이었던 것이다. 너무나 안타깝고 가슴 아픈 이 사건을 통해 한 집안을 이끌어가는 리더의 역할이 얼마나 중요한지 새삼 느낄 수 있었다.

게다가 집안을 이끄는 리더가 최선을 다해 노력하지 않고, 자만과 나태에 빠져 자신의 역할에 소홀히 한다면 아무리 대단한 집안이고, 부(富)가 크다 해도 몰락하는 것은 한 순간이다. 리더가 한 집안을 잘 이끌어가지 못한다면 결국 어디선가 태가 나기 마련이고, 조금씩 몰락의 길을 가게 된다. 천하를 통일한 강대국의 황제도 그런 모습으로는 언젠가는 몰락하거니와, 하물며 그보다 훨씬 작은 일개 집안은 오죽하겠는가.

그래서 큰아들 세준이에게 집안을 이끌어가는 리더의 중요함에 대해 그렇게 이야기를 한 것이다. 나중에 우리 두 아들인 세준이와 세환이도 커서 각자의 가정을 꾸리게 되면, 그 집안을 이끌어가는 리더가 될 텐데, 그때 두 아들들이 나의 이야기를 잘 기억하고, 리더로서 최선을 다해 노력했으면 좋겠다. 만약 리더로서 어떻게 하면 집안을 잘 이끌어갈 수 있을지 노력은 하지 않고, 주어진 환경 탓, 남 탓 등만 하면서 가정을 소홀히 이끌어간다면, 절대 좋은 리더가 될 수 없고, 그 집안 역시 무너질 수밖에 없다. 어떤 상황에서도 리더로서 책임감을 가지고 최선을 다해 노력해야 한다.

또 무엇보다 중요한 것은 아빠로서 리더의 모범을 보여야 한다는 것이다. 아이들에게는 늘 말로 좋은 리더가 되어야 한다고 하면서, 정작 자신은 가족들과 화목하게 지내지도 않고, 집안일도 돕지 않으며, 남는 시간에 핸드폰을 하거나 TV를 보면서 지낸다면, 본인은 좋은 리더라고 할 수 없을 것이다. 아이들은 결국 부모를 보고 자란다는 것을 명심해야 한다. 즉, 아이들이 좋은 리더가 되길 바란다면, 본인 스스로 먼저 좋은 리더가 되어야 한다는 말이다. 내일은 세준이와 리더의 역할에 대해 이야기를 나누면서 어떤 리더가 되고 싶은지 한번 물어볼 참이다. 우리 아이들이 한 가정을 이끌어가는 좋은 리더가 될 수 있기를 바란다.

아들에게

...

너희가 한 가정을 이끌어가는 멋진 리더가 되길 바란다.
아빠도 너희에게 좋은 리더의 모범을 보일 수 있도록 노력할게.

4장

아이들의
행복을 바라는
세상의 모든 아빠들에게

1

남과의 비교, 절대 하지 마라

아이들을 키우는 과정에서 좋든 싫든, 절대 빠질 수 없는 것이 바로 다른 아이들과의 비교이다.(만약 아이들을 키우면서 다른 아이들과 단 한 번도 비교하지 않은 부모가 있다면, 진심으로 존경한다. 나 역시 머릿속으로는 절대 아이들을 다른 아이들과 비교하지 않으리라 생각하면서, 나도 모르게 남들과 비교한 적이 종종 있었다. 진심으로 반성한다.)

한번은 큰아들과 동물원에 가서, 우리 속에서 어슬렁거리며 돌아다니는 호랑이를 구경하고 있는데, 많은 아이들이 호랑이를 보겠다며 호랑이 우리 앞에 모여 있었다. 그런데 옆에 서 있던 한 엄마가 갑자기 호랑이를 보고 있던 옆의 아이에게 몇 살이냐고 물어보는 것이었다. 그 아이가 자신은 일곱 살이라고 하자, 그 엄마는 갑자기 만면에 뭔가 모를 의기양양한 미소를 띠면서, 자신의 아이를 그 아이 옆에 세워 키를 재보면서, '우리 아이는 아직 다섯 살인데.'라고 말을 했다. 딱 봐도 일곱 살 아이가 키가 많이 작아서, 오히려 다섯 살 아이보다 더 작은 모양새다. 일곱 살 아이 엄마는 기분이 나쁜 듯이 그 엄마를 힐끗 쳐다보고는 아이 손을 잡고 다른 곳으로 가버렸다. 그 모습을 지켜보면서, '비교'란 것은 참 어찌할 수 없는 부분이라고 생각했다.

또 아내가 비슷한 아이 또래들을 키우는 직장 동료들과 단체 채팅방을 하고 있는데, 지난번에 아내의 단톡방을 우연히 보게 되면서 이런 비교에 대해 한 번 더 생각하게 되었다. 아내를 포함하여 5명이 들어 있는 회사 동료 단체 채팅방이었는데, 그 중 한 엄마가 자신의 아이에 대해 이것저것 자랑을 많이 하곤 했다.

예전 부모 모임 때 봤던 아이여서 나도 잘 알고 있는데, 그 아이는 4살 때부터 책도 혼자서 제법 읽고, 영어 책도 발음을 굴려가며 잘 읽던 아이였다. 그런데 재미있는 것은 그 아이 엄마가 그 모습에 대해 동영상을 찍어 단톡방에 꼭 올린다는 데 있다. 그러면 다른 엄마들은 다들 부러워하면서도 은근히 자신의 아이가 잘하는 것들에 대해 각자 사진이나 동영상을 올려 저마다 자랑을 하기 시작한다.

그 중 또 다른 한 아이는 부모와 어릴 때부터 외국에 살다 와서 여섯 살인 지금, 발음이 거의 원어민 수준이다. 그 아이 엄마도 앞서 말한 영재 엄마와 마찬가지로 그 아이가 영어로 대화하는 장면을 찍어서 보란 듯이 올린다.

그 와중에 다른 한 명은 그 두 명의 엄마를 무척 부러워하고 있고, 아내는 그 아이들에 대해 칭찬을 많이 해주고 있었다. 나도 모르게 웃음이 나와서, 아내에게 이 단톡방은 너하고, 그 부러워하는 엄마 둘이서 살리고 있다고 우스갯소리를 했다. 나머지 두 명이라도 이렇게 부러워해주고, 칭찬해주니 망정이지, 만약 다섯 명 모두 자기 아이들에 대해 자랑을 하고 있었으면 이 단톡방은 진즉에 없어지지 않았을까 하고 농담을 던졌더니, 아내도 맞다며 같이 깔깔거렸다.

그런데 문제는 이러한 것들이 단순한 자랑에서 끝나지 않고, 결국 비교까지 이어진다는 데 있다. 아내도 앞에서는 그 아이들이 잘하는 것에 대해 칭찬해주고 축하해줬지만, 내심 속으로는 우리 아이들이 그 아이들보다 어느 정도 뒤처진다는 사실이 불안했나보다, 어느 날은 가만히 나에게 오더니, 누구누구는 지금 세준이와 같은 나이인데, 이것도 하고, 저 것도 할 수 있다며 세준이가 좀 뒤처지는 것 같은데, 뭔가를 시켜보는 것 이 어떻겠냐고 물어보았다.

사실 나 역시도 그런 모습들을 옆에서 계속 보면 다른 아이와 비교를 안 할 수가 없었다. 그리고 비교를 통해 생긴 불안감과 걱정으로 아이가 뒤처지지 않기 위해서라도 이런저런 학원에 보낼 수밖에 없지 않겠나 하 고 생각을 했었다. 솔직히 말하자면, 뒤처지는 것 자체가 두려운 것이 아 니라, 그렇게 계속 뒤처짐으로써 혹시 아이가 무기력에 빠지거나 포기해 버리는 것이 두려웠던 것이다.

그럼에도 아내와 의논 끝에 아이를 학원에 보내 뭔가를 시켜보는 것은 괜찮은데, 다만 아이의 동의 없이 우리 마음대로 아이에게 이것저것 시 키는 것은 아닌 것 같다고 결론을 내렸다. 그래서 세준이를 불러, 한번 이런 저런 것들을 해보지 않겠냐고, 같이 가서 직접 경험을 해보자 하니, 세준이가 아직은 하고 싶지가 않단다. 아직은 집에서 좀 더 놀고 싶고, 나중에 배우고 싶다고 한다. 워낙 자신의 의견을 확실하게 말하니, 더 이 상 아이에게 말하기가 쉽지 않아서, 학원에 보내는 것은 당분간 보류를 했다. 그리고 설령 아이가 다른 아이보다 좀 뒤처지더라도, 지금은 아이 가 좋아하고 하고 싶은 것들에 집중할 수 있게 해주는 것이 낫겠다는 결론도 내렸다.

이 과정에서 다른 아이들과의 비교에 대해 한 번 더 생각을 하게 되었다. 어린아이일 때도 이렇게 다른 아이들과 비교를 하게 되는데, 하물며 본격적으로 공부를 하기 시작하는 중학교, 고등학교에 가면 비교가 얼마나 심해지겠는가. 더군다나 나는 입시 경쟁이 치열한 고등학교에 있으니, 그간 얼마나 많은 비교를 보아왔겠는가.

그런데 이러한 비교가 아이들이나 부모들에게 더 노력할 수 있게 만드는 원동력이 되면 좋으련만, 실제로 다른 사람들과 비교를 하는 것은 아이들의 마음을 상하게 하고 부모, 자식 간의 관계를 악화시키는 경우가 많았다. 무엇보다 비교는 비교에서 끝나지 않고, 예컨대, '누구는 어떻다는데 너는 왜 이러니?' 같은 말을 통해 보통 무시와 비난까지 이어지곤 한다.

본인 스스로 남들과의 비교를 통해 자신의 부족함을 깨닫고 더 노력하는 것이야 아무 문제가 되지 않지만, 다른 사람들, 그것도 가장 가까운 부모가 그렇게 타인과 비교를 하며, 비난하고 무시하는 것까지 이어지면 아이들의 자존감은 급격히 떨어지기 마련이다. 부모들은 아이를 다른 사람과 비교하지 말고, 있는 그대로 봐줘야 한다. 설령 어떤 부분이 다른 아이들에 비해 부족하더라도, 그 아이에게는 그 아이만의 다른 특성과 장점이 있을 것이다. 그런 것을 바라봐주고, 그 자체로 인정해줘야 한다. 남들과 비교하지 않고, 아이들을 그 자체로 바라볼 수 있는 부모가 되기를 바란다.

아빠의
한마디

아빠에게

...

'아이들은 그 자체로 가장 소중한 존재입니다.
자녀를 남과 비교하지 말고, 있는 그대로 바라봐주세요.'

2

아이 마음 속 상처는 반드시 풀어주자

며칠 전, 동생이 조카 세준이를 초대한다며 자기네 집에 놀러오라고 연락이 왔었다. 이렇게 동생이 세준이를 초대한 것은 바로 지난 명절 때 세준이와 했던 약속 때문이다.

지난 명절 때, 세준이가 그동안 자기가 열심히 모은 '포켓몬고'라는 게임 속 캐릭터들에 대해 친척들에게 한바탕 자랑을 했었다. 그런데 작은아빠가 '어? 그거 나도 했었던 게임인데?' 하면서 얼른 그 게임을 다시 깔더니, 게임 속 자신의 캐릭터들을 세준이에게 보여주었다. 동생은 뭔가에 한번 빠지면 나름대로 그 분야에서 최고가 된 다음에서야 그것을 관두는 편인데, 우리 큰아들 세준이가 즐겨하는 포켓몬고 게임을 동생이 먼저 손을 댔었던 모양이다. 그러다 보니, 세준이와는 비교할 수 없는 높은 레벨에, 세준이가 처음 보는 굉장히 희귀하고 강한 캐릭터들을 많이 가지고 있었다.

처음 본 희귀한 캐릭터들에 깜짝 놀란 세준이가 다짜고짜 작은아빠에게 달라고 조르니, 작은아빠 입장에서 사랑하는 조카에게 안 줄 수가 있는가. 세준이가 달라는 대로, 귀한 캐릭터들을 몽땅 주니, 세준이는 어느새 작은아빠의 광팬이 되어서 작은아빠 어깨를 주물러주고 먹을 것을 입에 넣어주면서 이런저런 애교를 부리고 있었다.

당시 세준이는 작은아빠에게 나중에 꼭 다른 캐릭터도 달라고 신신당부를 하며 헤어졌는데, 마침내 그토록 보고 싶어 하던 작은아빠를 만날 수 있는 날이 또 온 것이다.(이 게임은 하루에 받을 수 있는 캐릭터가 한정되어 있어서 세준이가 다음에 또 만날 날만 고대하고 있었다.)

세준이는 며칠 전부터 작은아빠네 집에 놀러가는 것을 손꼽아 기다리더니, 전날에는 설렘에 잠을 자질 못했다. 하도 잠을 안 자서, "이렇게 늦게 자면 내일 네가 눈을 떴을 때, 아빠 혼자 작은아빠네 집에 가 있지 않을까?"라고 장난을 쳤더니, 고새 눈가에 눈물이 어리며, 기껏 한다는 얘기가 자기하고 아빠를 쇠사슬로 같이 묶어놓고 자야겠단다. 그러면서 제발 절대 혼자 가지 말라고 애원을 한다. 웃음을 참고 당연히 같이 갈 테니 얼른 자라고 다독이니, 어느새 곤히 잠든 모양이다. 저렇게 잠도 안 잘 정도로 내일을 기대하고 있는 세준이를 보며, 저 나이 때에는 게임 캐릭터가 엄마, 아빠보다 소중한 때라서 저러나보다 싶었다. 그리고 생각해보면 나도 저 나이 때 저랬던 것 같다.

드디어 작은아빠네 집에 가는 날.

작은아빠가 사는 곳은 최근 지어진 대단지 아파트인데, 마침 커뮤니티 센터에 수영장이 있다고 수영복도 같이 챙겨오란다. 수영장에 한 번도 가 본 적이 없는 큰아들로서는 안 그래도 게임 캐릭터 받을 생각에 기대가 큰데, 거기에 더해 수영장까지 갈 수 있다니 이미 마음이 들떠서 버스를 타고 가는 내내, "언제 도착해요?"를 계속 물어봤다.

동생네는 아직 애가 없다지만, 그래도 한 주의 피로를 풀어야 하는 주말에, 큰아들이라는 혹을 하나 붙이고 놀러가는 것이 좀 민망하기도 하지만, 그래도 즐거운 마음으로 동생네 집에 놀러갔다. 마침 동생이 어딜 잠깐 나갔다와야 해서, 우리보고 얼른 수영장 가서 수영을 하고 오라고 한다. 그러고는 어떻게 수영장을 이용할 수 있는지 알려주고 이따 보자며 자기 볼일을 보러 가버렸다. 그 와중에 세준이는 이따 꼭 와서 자기에게 게임 캐릭터 주는 것을 잊지 말라고 계속 당부하고 있었다.

수영장에 가서 한참 신나게 아들 녀석과 수영을 하고 나니, 벌써 시간이 많이 흘렀다. 아들은 처음 경험해본 수영장이 마냥 좋은 모양이다. 얼른 샤워를 시키고, 옷을 입힌 후, 동생이 기다릴 것 같아서 집으로 뛰어갔다. 그런데 웬걸, 벨을 몇 번이나 눌러도 반응이 없었다.

그 순간, 세준이가 "설마 작은아빠가 지금도 안 왔어요?" 하더니, 문을 열어보려고 문 손잡이를 몇 번 잡아당겼다.

그 순간, 삐용삐용 하는 소리가 온 복도에 울려퍼지기 시작했다. 알고 봤더니, 요새 신축아파트들은 도어락시스템에 비번을 누르지 않고 문을 열려는 시도를 몇 번 하면 비상벨이 울리게끔 세팅이 되어 있다고 한다. 그것도 모르고 세준이가 문을 열려고 손잡이를 몇 차례 잡아당겼으니, 당연히 비상벨 소리가 복도에 울려퍼지게 된 것이다. 깜짝 놀란 나는 나도 모르게 "김세준! 문고리를 이렇게 막 잡아당기면 어떻게 해!" 하고 외쳤다.

세준이도 놀란 모양이다. 자기가 손잡이를 잡아당겨서 이렇게 소리가 나니, 안 그래도 움찔해 있는데, 아빠까지 크게 화를 내는 것 같아서 무섭고 서러운 모양이다. 갑자기 펑펑 눈물을 흘리며 울기 시작했다.

그때 동생이 집안에서 황급히 뛰어나오며 문을 열어주었다. 그리고 비밀번호를 도어락에 입력하니, 비상벨소리가 사라졌다. 알고 봤더니, 집안에서 깜박 잠들었다고 한다. 그리고 제수씨는 마침 모임에 가서 오늘 저녁 늦게나 들어온다고 한다. 그러더니 문 앞에서 울고 있는 세준이를 발견하고는 얼른 세준이를 안아서 집안으로 데리고 들어가며, 괜찮다고, 잠깐 잠들어버린 작은아빠 잘못이라고 달래주기 시작했다.

"허 참. 네가 그렇게 말하면 내가 뭐가 되냐."

한순간에 나는 나쁜 아빠가 되어버리고 말았다. 동생이 저렇게 세준이를 달래주니, 세준이 입장에서는 작은아빠는 자기 편이고, 착한 사람이다. 그에 반면 자기에게 화를 낸 아빠는 자기를 이해해주지 못한 나쁜 사람이다. 단단히 삐져서는 나와 눈을 마주치지도 않고, 작은아빠만 졸졸 따라다닌다.

이거 어쩐담. 아까 아빠가 화낸 일로 아들 녀석이 마음속에 상처가 난 모양이다. 그냥 '에라, 모르겠다. 세준이 마음도 언젠가 풀리겠지.' 하면서 기다릴까 하다가, 세준이 기분이 조금 가라앉기를 기다려, 세준이를 불러 대화를 나눠보았다. 아까 그 상황에서 아빠가 네게 화를 낸 것에 대해 어떤 기분이었는지 물었더니, 자기가 일부러 소리를 내려고 한 것도 아닌데, 아빠가 갑자기 크게 화를 내서 서운하고 무서웠단다. 그래서 왜 아빠가 화를 낸 건지는 아냐고 물었더니, 자기가 문고리를 여러 번 잡아당겨 소리가 나서 그런 것이란다. 자기는 우리 집 문고리처럼 생각하고 잡아당겼는데 소리가 날 줄은 몰랐다는 말도 덧붙였다.

생각해보니, 아들녀석이 일부러 소리를 내려고 한 것도 아니고, 벨을 눌러도 문이 안 열리니, 혹시나 싶어 문고리를 막 잡아당겨본 것인데, 갑자기 시끄러운 소리가 울려퍼지고 거기에 더해 아빠의 화난 목소리까지 들리니 자기 딴에는 억울했을 수도 있겠다 싶었다. 그래서 나는 "아빠도 네 입장을 이제 이해한다. 다만, 아빠도 아까는 놀란 마음에 네게 이렇게 물어보지 못하고 먼저 화를 냈다. 이렇게 말로서 먼저 풀었으면 좋았을 텐데, 그 점이 참 아쉽고 미안하다. 만약 아까 같은 상황이 또 생기면 그때는 먼저 화부터 내는 것이 아니라, 문제 상황을 일단 해결하고 그 후 서로 대화를 통해 잘못된 점은 고쳐나가자."라고 말하며 그렇게 하기로 세준이와 약속을 했다.

그랬더니 아까 서운하고 삐졌던 것은 그새 풀어진 모양인지, 아빠를 꽉 안아주며 자기는 이제 괜찮다고 한다. 그러면서 이제는 손잡이를 함부로 잡아당기지 않겠다는 약속도 먼저 했다.

만약 내가 그 상황에서 아이를 몰아세우지 않고, 비상벨이 울리는 상황은 이미 벌어진 일이니, 일단 이 문제 상황을 잘 해결해보자며 대응했더라면 더 좋았을 텐데 그렇게 하질 못해 그 점을 반성한다. 아이에게 '자신의 실수에 대해 화를 크게 낸 아버지와의 기억'을 남겨주었을까 봐 걱정도 된다. 그래도 아이와 약속했던 것처럼 혹시라도 비슷한 상황이 또 생긴다면 그때는 순간의 화를 참지 못하고 아이를 몰아세우는 것보다는 우선 그 문제를 해결하고, 아이의 상황을 이해하며 대화로써 풀어나가겠다는 다짐을 해본다.

특히 아이의 마음속에 생긴 상처를 그대로 내버려두는 것보다, 이렇게 대화를 통해 조금씩 풀어나가는 것이 중요하다는 생각을 새삼 해본다. 아이의 마음속 상처를 크든 작든 간에 쉽게 여기고 내버려둔다면, 그것이 쌓이고 쌓여 언젠가는 부모에 대한 불신이라든지, 미움 같은 것들로 돌아올 것이라 생각한다.

아이가 잘못한 것이야 분명히 짚고 넘어가며 훈육해야겠지만, 분명 부모로서 아이에게 지나치게 행동한다거나, 혹은 아이를 억울하게 만드는 행동을 할 수도 있을 텐데, 그럴 때 부모로서 잘못된 부분은 아이에게 사과를 하는 것이 필요하다고 생각한다. 우리가 아이를 훈육하는 것이 아이를 굴복시키고 부모에게 복종하게끔 하는 것이 목적이 아닌 만큼, 아이와의 진솔한 대화를 통해 그 순간 자신의 감정을 솔직하게 이야기하고, 서로의 상황과 입장을 이해하는 것이 매우 중요하다고 생각한다. 그리고 그 과정에서 아이가 혹시라도 상처를 받았다면, 아이의 상처 역시잘 치유될 수 있게 도와줘야 할 것이다.

아빠에게

...

'아이의 상처를 풀어주지 않고 넘어간다면 그 상처는
아이의 마음속에 차곡차곡 쌓여 나중에 몇 배로 되돌아올 수 있습니다.
반드시 풀어주세요.'

3

오늘 하루 어떤 것을 실패해봤니?

큰아들 세준이는 나와 상당히 기질이 닮아 있다. 뭔가를 새로이 도전하는 것을 두려워하고, 본인이 잘하는 것만 계속 하려고 한다. 바로 어렸을 때의 내가 그랬다. 지금은 그런 모습을 고치기 위해 부단히 노력한 결과, 제법 새로운 것도 도전해보고, 실패라는 것도 예전보다는 덜 두려워한다.

반면 둘째아들 세환이는 겁이 없다. 형이 제 나이 때는 타지도 못했던 큰 미끄럼틀을 겁도 없이 타질 않나, 그네에도 스스럼없이 올라가서 '어어~.' 하면서 얼른 밀어보라고 한다. 아이가 위험한 행동을 하는 것은 당연히 지켜보고 제지해야겠지만, 가급적 '안 돼.'라는 말보다는 새롭게 시도해보는 것을 지켜보며 다치지만 않게 도와줄 생각이다.

어쨌든 큰아들은 기질이 그러하다 보니, 뭔가를 잘 해내지 못하고, 실패했을 경우 갑자기 눈물을 쏟으며 안 한다고 외치는 경우가 많았다. 그리고 실패하는 것을 굉장히 버텨내기 힘들어했다. 어찌보면 약간 완벽주의 성향도 있는 것 같고, 혹시 내가 아이가 잘하는 것에 대해서만 칭찬을 해서 아이가 실패를 두려워하게 만들지는 않았는지 새삼 반성해본다.

처음 큰아들이 뭔가에서 졌거나 실패를 했을 경우, 눈물을 흘리며 잘 안 된다고 포기하는 모습을 보여주면, 그때는 안타까운 마음에 아들의 행동을 꾸짖는 것으로 대응했었다. 그러나, 이렇게 꾸짖는 것으로는 전혀 아들의 행동과 태도를 개선시킬 수 없었고, 나름대로 고민을 한 끝에 큰아들이 새로운 것에 대해 계속 시도를 해보고 비록 실패를 하더라도 도전 그 자체만으로 칭찬을 해주기로 마음을 먹었다.

그래서 가장 먼저 이런 상황에 대해 천천히 설명을 해주었다. 처음부터 잘할 수 있는 사람은 없으며, 아빠조차도 교사를 뽑는 임용 시험에 한 번 떨어지고 두 번째에 됐었다고 말을 하며, 처음부터 운 좋게 성공하거나 이기는 경우도 있지만, 처음이기 때문에 잘하지 못하는 것은 당연한 것이고, 계속 도전하고 연습하면 결국 나중에 잘할 수 있다고 알려주었다. 무엇보다 지는 것을 무서워하면, 새로운 것에 절대 도전할 수 없는데, 예를 들어 네가 처음에 무서워했던 놀이기구도 몇 번 타다 보니 재미있고 신나지 않았냐고 물어보니, 그제야 아빠의 말에 수긍을 하는 눈치다.

아이가 머릿속으로 어느 정도 이해를 하는 것 같아서 그 다음은 실행으로 옮겼다. 최대한 실패하는 경험을 많이 하게끔 도와주려고 했다. 그리고 세준이가 실패했을 경우, 자신의 감정을 추스르고, 다시 일어설 수 있게 옆에서 도움을 주고자 했다. 예를 들어 아빠와 같이 종이비행기 접어서 날리기 놀이를 하는데, 처음에는 세준이가 종이비행기를 어설프게 만들어서 자꾸 아빠가 만든 종이비행기에 지곤 했다. 역시나 아빠와의 날리기 시합에서 몇 번 지자마자 얼굴이 빨개지며 눈물을 흘리기 시작한다. 그래도 그동안 꾸준히 실패의 중요함에 대해 말로 설명을 해줘서인지, 아직은 포기하겠다고 난리는 치지 않았다.

이럴 때 아들에게 바로 칭찬을 해줬다. "아빠는 지금까지 수백 번 종이비행기를 접어봤고, 그렇기 때문에 너보다 잘 만들고 더 잘 날리는 것이 당연하다. 그럼에도 불구하고, 이렇게 처음 접어보는데 아빠랑 거의 대등하게 날리는 모습이 멋있다. 한번 아빠랑 같이 더 접어볼까?" 이렇게 달래줬더니, 금세 눈물을 그치고는 이번에는 자기가 더 잘 만들어서 꼭 이기겠단다. 몇 번 지고 드디어 처음 이기더니, 굉장히 좋아했다. 조금씩 실패를 경험하더니, 실패가 아무렇지 않다는 것을 알게 된 것 같아 새삼 마음이 놓였다.

또 게임에서도 마찬가지다. 앞서 언급했듯이 큰아들 세준이는 가끔 '포켓몬고'라는 게임을 즐기는데 여기서 다른 유저와 배틀을 할 수 있다. 그런데 예전 실패하는 것을 두려워할 때는 만약 배틀에서 지기라도 하면, "나 안 해, 포켓몬고 게임 지워버려요. 절대 안 해." 이러면서 눈물을 흘렸었는데, 실패의 소중함에 대해 알려주고, 왜 졌는지 생각해서 다음 판에는 더 잘해서 이겨보자고 달래주었더니, 최근 시작한 포켓몬고 유튜브 방송에서는 게임에 지고 난 뒤 "네, 졌어요. 하지만 다시 하면 됩니다."라고 말할 정도로 여유로워졌다. 물론 연패를 계속 할 때는 여전히 목소리가 떨리고 감정이 고조되기는 하지만, 예전만큼은 아니다.

실패는 좋은 경험이고, 이 실패를 바탕으로 더 위로 올라가면 된다는 것을 아이들에게 꼭 가르쳐줘야겠다. 특히 새로운 것에 도전할 때 실패를 무서워하면 절대 도전할 수 없다. 실패하고 패배해도 다시 일어서면 된다는 생각을 가지고, 당당하게 도전했으면 한다. 그래서 요즘은 큰아들이 유치원에서 돌아오면 가끔 물어본다. "오늘은 뭐를 도전해봤니? 성공하면 좋은 일이고, 실패해도 새로운 것에 도전해봤으니 그것도 또 좋은 일이네."라고 말해준다.

다만 학습된 무기력은 조심했으면 한다. 계속해서 패배하는 경험을 통해, 어느 순간 패배하는 것을 당연하게 여겨버린다면, 패배에 익숙해져 버릴 수도 있다. 패배를 하더라도 왜 패배했는지 피드백을 철저하게 하여 조금씩 더 나은 모습을 보여줄 수 있도록 해야지, 패배를 패배 그 자체로 당연하게 받아들이면 안 된다. 우리 아이들이 실패를 두려워하지 않았으면 좋겠다.

아빠에게

...

"아이들은 실패를 통해 성장합니다.
아이들의 실패를 칭찬하고 응원해줄 수 있는
아빠가 되어주세요."

4

부모가 편안해야 아이들도 행복하다

최근 처리해야 할 업무가 갑자기 밀려 들어와서 직장에서 눈코 뜰 새 없이 바빴던 적이 있었다. 게다가 기한이 정해져 있는 업무의 경우, 최대한 빨리 처리해야 하기 때문에 그런 업무가 몇 개 정도 밀리게 되다 보면 사람이 스트레스를 받기 마련이다.

특히 나 같은 경우, 직장과 집까지 통근 시간이 약 1시간가량 걸리는데, 문제는 아침에 지하철이 늘 사람들로 북적이다 보니, 거의 앉아서 가지 못하고, 대부분 서서 가야 한다는 것이다. 무거운 가방을 들고 왕복 2

시간을 이렇게 서 있다 보면, 사실 직장에 나가는 것만으로도 상당한 체력을 소모하게 된다.

거기다 아직 어린 아이인 두 아들 녀석이 집에 가면 놀아달라고 온몸으로 부딪쳐오니, 솔직히 말하면 직장보다 집이 더 힘들 때가 많다. 물론 아이들의 행복한 미소가 우리 부모들에게는 피로 회복제라고 해도, 말이 피로회복제지, 실제 아이들과 몇 시간을 같이 부대끼다가, 어느새 저녁이 되면, 아이들에게 온 몸의 기가 다 빨린 느낌이다. 아이들은 신나게 놀다가 잠들면 그만이지, 부모는 그때부터 밀린 일들이 시작이다. 쌓인 설거지도 해야 하고, 아이들이 놀다만 장난감들이며 옷가지도 정리해야 하고, 밤이라 청소기를 돌릴 수도 없으니, 물걸레질로 쓱쓱 바닥도 닦아야 한다. 그러다보면 1-2시간은 훌쩍 지나간다. 그나마 아내와 같이 집안일들을 얼른 해치우니 망정이지, 혼자서 매일 그 일들을 하라고 하면, 상상만 해도 어질어질하다.

또 주말이라고 해서 남자아이 둘 키우는 집에 잠시라도 쉴 틈이 있겠는가. 사실 주말이 평일보다 더 힘들다. 평일 내내 유치원이나 어린이집에서 나름대로 사회생활을 하며 스트레스를 받아온 아이들이 가장 고대하고 바라는 시간이 바로 주말이다.(큰아들 세준이는 아침에 일어나면 단골 멘트가 "오늘 주말이에요?"이다.)

남자아이 둘이 그동안 쌓인 에너지를 이때다 싶어 고스란히 발산하는데, 보통 체력과 정신으로는 엥간히 버티기도 어렵다. 물론 아이들에게 TV를 보여주거나 태블릿PC 같은 전자기기를 쥐여주며, 대충 시간을 보내는 부모도 있다고 하지만, 나는 그렇게 하기보다는 아이들과 가급적 많은 시간을 보내려고 노력하는 편이다.(물론 우리 아이들도 TV를 가끔 보기는 한다.)

그래서 주말에는 보통 아이들과 밖으로 나가곤 한다. 공원에 가서 바람을 쐬거나, 아이들이 좋아하는 맛있는 것을 사먹기도 한다. 우리 둘째 아들의 경우, 밖에 나가서 노는 것을 무척 좋아해서, '나가자'는 말만 들어도 아직 말도 못하는 18개월짜리 아기가 벌써 현관문 앞에 가서 자기 신발을 찾아 '어~어~.' 하며 얼른 자기 발에 신기라고 난리다.

그러니 쉬어야 하는 주말에 우리 부부 둘 다 오히려 더 녹초가 되어서, 각자 아들 한 명씩 맡아서 재우러 들어가서는 우리가 먼저 잠들어서 아들들이 오히려 우리를 재우고 있는 우스운 일이 발생하기도 하는 것이다.(보통 내가 큰아들을 재우고, 아내가 둘째아들을 재운다.)

내 친구 녀석 한 명도 아들 둘을 키우는 아빠인데, 주말이면 아들 둘을 데리고 무조건 캠핑장에 놀러간다고 했었다. 처음에 나는 그 친구가 캠

핑을 무척 좋아하는 줄 알았는데, 알고 보니, 두 아들들의 에너지가 집에서 감당이 안 돼 캠핑장에 가서 아이들을 풀어놓는 것이었다.(풀어놓는다는 표현이 좀 그렇지만, 어린 아들 둘의 에너지는 야생 들개 이상이라고 생각한다.)

그러다 앞서 말했듯이 최근 직장에서 일이 너무 바빴던 나머지, 며칠 사이 피로가 엄청나게 누적된 적이 있었다. 그러다 보니, 집에 와서 아이들을 하원시키고 거실에 앉아 아이들과 논다는 것이 그만 나도 모르게 깜박 잠이 든 모양이다.

그런데 잠결에 큰아들과 둘째아들이 크게 다투는 소리가 들려왔다. 둘째가 좋아하는 유아용 미끄럼틀을 큰아들이 차지해버리고는 둘째를 못 올라오게 막은 모양이다. 둘째는 자기가 가고 싶은 곳으로 가질 못하니, 자지러지게 울면서 아빠의 도움을 요청하고 있었다.

평소 같으면 큰아들에게 화를 내지 않고, 둘째아들 미끄럼틀이니, 자리를 비켜주고, 자기 장난감을 가지고 놀거나 다른 것을 하도록 좋게 말했을 테지만, 이번에는 워낙 몸이 피곤한 상태에서 깜박 번아웃이 왔다가 정신을 차린 터라, 나도 모르게 알 수 없는 화가 가슴 속에서 솟구쳤다.

'김세준, 지금 뭐하는 거야!'

내 목소리에 날이 서 있는 것을 파악한 세준이가 바로 미끄럼틀에서 내려오더니, 움찔하며 대답했다.

'아니, 분명 내가 먼저 미끄럼틀에 올라가서 세환이보고 올라오지 말라고 했는데, 자꾸 올라오잖아.'

'미끄럼틀이 누구 장난감이지? 이건 아기용 미끄럼틀이잖아. 너가 오히려 세환이 장난감을 뺏은 셈이지. 게다가 아빠가 둘이 싸우지 말라고 몇 번 말했어? 그걸 못 참고 지금 또 이렇게 싸운 거야?'

그러면서 나도 모르게 큰아들 세준이에게 목소리를 높이기 시작했다. 세준이는 당황한 모양이다. 평소 화를 거의(?) 내지 않던 아빠가 갑자기 화를 내고 목소리가 커지니, 아마 크게 놀랐을 것이다. 큰애는 서러움에 엉엉 울며 눈물을 흘리기 시작했고, 둘째는 형과 아빠 눈치를 살살 보며 다른 쪽으로 몸을 잽싸게 피했다.

그런데 화를 내면서 나도 약간 정신이 돌아온 모양이다. 이게 이렇게까지 화낼 일이 아닌데, 지금 뭐하고 있나 싶어 정신을 차리고 보니, 그동안의 피로가 몸에 축적되어 조그만 일에도 화가 나고, 그 화를 아이한 테 풀어버린 듯 싶었다.

정신을 차리고는, 큰아들의 눈물을 닦아주었다. 그리고 화난 목소리를 가라앉히고, 천천히 이 상황에 대해 대화를 나누기 시작했다. 아울러, 아빠가 순간 너무 피곤해서 나도 모르게 너한테 화를 낸 부분도 있다고 솔직하게 말을 하니, 그제야 조금 진정한 모양이다.

그날 저녁, 오늘 있었던 일에 대해서 아내와 이야기를 나누었다. 사실, 아내와 나 둘 다 직장일이며 육아에, 많이 지쳐 있는 것도 사실이었다. 그런데 아내는 본인이 무척 피곤한 상황에서도 그 부정적 감정을 아이들에게 전가하는 것을 한 번도 보지 못했다. 반면 나는 이번 일에서 드러났 듯이 내 몸이 피곤한 상황에서 발생하는 화와 짜증을 아이들에게 전가했 으니, 내가 아직도 수양이 많이 필요한 셈이다.

그럼에도 오늘 중요한 교훈을 하나 얻었다. 부모의 몸과 마음이 편안 해야 아이들의 마음도 편안하다는 것이다. 아이들은 부모의 거울이나 마 찬가지여서, 부모의 마음이 아이들에게 그대로 전달이 된다.

그래서 나 역시 최대한 육아에 사용할 에너지를 남겨놓기 위해 몇 가지 방법을 강구하게 되었다.

우선 최대한 직장일을 효율적으로 하면서, 일이 지나치게 바쁠 경우, 가급적 일을 잘 분배하여 번아웃이 오는 상황까지는 피하고자 했다. 또 틈틈이 쉴 수 있는 시간을 확보하여 내 몸을 우선 챙기고자 했다. 예전에는 여유 시간이 조금이라도 생기면 그 시간이 아까워서 책을 읽는다거나 글을 쓰는 등의 활동을 했다면, 이제는 그런 여유 시간에 최대한 휴식을 취하고 몸의 피로를 풀고자 했다. 또 아이들이 직접 자기들끼리 뭔가를 할 수 있는 자리도 마련했다. 부모가 하나하나 옆에서 해주는 것보다, 스스로 뭔가를 하면서 재미있게 놀 수 있는 과제들을 아이들에게 던져주었다. 아이들이 스스로 놀고 있는 그 시간 동안 부모는 나름대로 자신의 시간을 어느 정도 확보할 수 있을 것이다.

아이들에게 무조건 헌신만을 외치다가 부모에게 번아웃이라도 오면 부모의 힘듦이 아이들에게 전가되기 쉽다. 또 그런 상황에서는 아이들 역시 마음이 불편해진다. 부모가 편안해야 아이도 편안해진다는 말을 새삼 떠올린다.

아빠의
한마디

아빠에게

...

"부모가 육아에 지쳐버리면 자신도 모르게 피곤이나
짜증 같은 부정적 감정들이 아이들에게 전가되기 쉽습니다.
효율적으로 육아를 하는 것이 필요합니다."

5

아빠가 생각하는 행복의 5가지 조건

저녁에 아들들과 다 같이 간식을 먹으면서 거실에서 놀고 있는데, 큰아들 세준이가 벌러덩 누워서 뒹굴뒹굴거리더니 갑자기 "아, 행복하다." 이렇게 말을 했다.

이제 여섯 살인 녀석이 뜬금없이 '행복하다'고 말하니, 어이가 없어서 헛웃음이 절로 나왔다. 아이가 행복의 의미를 알고서 그렇게 말을 했나 궁금해, 행복이 뭔지는 아냐고 물어보니 그거 기분이 좋은 것 아니냐면서 꽤 그럴싸한 대답을 했다.

그래서 아이에게 집에서 행복하냐고 물었더니, 집은 너무 행복한 공간이란다. 그러면 유치원은 어떠냐고 물었더니 거긴 행복한 공간이 아니란다. 유치원에는 잘 가르쳐주는 선생님도 계시고, 친한 친구들도 있는데, 왜 행복하지 않느냐고 물어보니, 거기서는 자기가 하고 싶은 놀이가 있어도 정해진 시간에 다른 반으로 자꾸 이동을 해야 한단다. 그래서 유치원은 행복하지 않다고 한다.

그러면 집은 어떠냐고 물어보니, 집에서는 자기가 하고 싶은 것을 마음껏 할 수 있단다. 레고를 하고 싶으면 레고를 하고, 책을 읽고 싶으면 책도 읽고, 그러면서 아빠랑 같이 노는 게 제일 재미있다는, 진심인지, 아부인지 모를 말도 덧붙였다.

행복이란 감정이 상당히 추상적이어서 어린 아이가 그 개념을 어떻게 이해하고 있는지 궁금했는데, 이렇게 아이의 말을 들어보니, 행복이란 개념을 나보다 더 잘 알고 있는 것 같다. 아이는 유치원에 자신을 통제하는 환경이 있기 때문에 행복하지 않은 것이다.(이렇게 어린 아이도 자유를 좋아하는데, 하물며 어른은 오죽하겠는가.)

예전 섬에 살고 있는 어부들의 삶을 살펴보는 한 다큐멘터리를 본 적이 있다. 그런데 똑같은 어부로서의 삶을 사는데도, 다큐멘터리에 등장

하는 두 사람의 삶의 태도가 너무 달라서 매우 흥미롭게 봤었던 기억이 난다.

한 사람은 인터뷰를 할 때, 매우 괴로운 태도로 새벽같이 일어나서 매일 고기를 잡으러 가야 하는 어부 노릇을 지금까지 몇십 년을 해왔는데, 이제는 힘들어서 언제까지 이 짓을 해야 할지 모르겠다고 말했다. 고기를 잡아서 위판장에 넘길 때, 제 값을 받지 못하고 싸게 넘길 때면 표정이 일그러져서, 주변 사람들에게 거칠게 행동하는 모습도 보여주었다.

반면 다른 한 사람은 일을 즐기며 행복해하는 모습을 보여주었다. 특히, 고기가 잘 잡히지 않아도, 오늘 못 잡으면 내일 잡으면 되고, 내일 못 잡으면 그 다음날 잡으면 된다고 말하며, 기분 좋게 노래를 흥얼거리면서 그물을 잡아당기고 있었다. 이 분에게는 고기잡이가 생업이면서도 자신이 좋아하는 하나의 취미 활동인 셈이었다. 이 분은 잡은 고기도 주변 사람들과 아낌없이 나눠먹는 모습을 보여주셨다.

두 사람은 분명 바다에서 물고기를 잡는 같은 일을 하고 있지만, 한 명은 매우 불행해보였고, 다른 한 명은 매우 행복해보였다. 도대체 둘 사이에는 무슨 차이점이 있었을까? 또 사실, 모든 사람들이 일생 동안 행복하게 사는 것을 꿈꾸지 않겠는가. 그럼에도 많은 사람들이 행복하기는커

녕, 힘든 일상 속에서 어떻게든 버틴다는 표현을 써가며 살아가는 모습을 많이 보여준다. 도대체 이 한번뿐인 인생에서 행복하게 살기 위해서는 어떻게 살아야 하는 것일까.

내가 생각하는 행복의 필수 조건으로는,

첫째, 가장 중요한 조건으로 가족 구성원 모두가 건강해야 할 것이다. 몸이 아픈 곳이 있다면, 그 아픔이 크든 작든 간에 삶의 질을 좀먹는다. 하다못해 작은 감기에 걸려서 하루 종일 콧물을 훌쩍이면, 제대로 호흡을 하지 못해 컨디션도 뚝 떨어지고, 기분도 좋지 않다. 가족 구성원 중 누군가 큰 병에 걸리기라도 하면, 그 우울함은 본인을 넘어 가족에까지 전염된다. 그러니 가족 모두가 지금 아픈 곳 없이 잘 먹고 잘 활동하고 있다면 이것은 행복의 가장 큰 조건 하나를 만족한 셈이 된다. 건강은 평소에 너무 당연한 것으로 여겨져서 사람들이 쉽게 여기는 경향이 있지만, 건강을 잃어본 경험이 있는 사람들은 건강한 순간을 최고로 행복한 때로 여긴다.

예전 아버지께서도 1년 6개월 정도 암투병을 하다 소천하셨는데, 아버지께서 돌아가실 무렵 병원 침대에 의식 없이 누워계시던 아버지 옆에서 아버지와 같이 바깥 거리를 다시 거닐 수만 있다면 정말 행복하겠다는 생각을 한 적이 있었다. 투병 중인 암환자 본인이 가장 괴롭고 힘들겠지만, 그 옆에서 투병을 지켜보는 가족들도 하루하루 너무나 괴롭고, 마음이 찢어진다. 그러니 아픈 곳 없이 내 마음대로 여기저기 걸어다닐 수 있다는 것은 그 자체로 엄청난 행복인 것이다. 그래서 나는 일부러 웬만한 거리는 대중교통을 이용하지 않고, 천천히 걸어가면서 주변 풍경들을 감상하며 내가 이렇게 건강하게 걸을 수 있음에 감사하기도 한다.

둘째, 자유가 있어야 할 것이다. 물론 가정에서든, 유치원에서든 정해진 규율은 지켜야 하는 것이니, 그런 것들은 논외로 하고, 최소한 내가 지금 어떤 일을 할지, 무엇을 먹을지 등에 관한 자유 말이다. 예컨대, 가족이 다 같이 외식을 하러 간다면, 내가 먹고 싶은 메뉴를 고를 수 있어야 하고, 지금 내가 기분이 좋지 않아서 밖에 나가 기분전환을 하고 싶다면 밖에 나갈 수 있어야 한다. 아까 먹은 간식 때문에 배가 너무 부르면, 비록 지금 가족이 다 같이 밥 먹는 시간이라도 이유를 설명하고, 밥 먹는 것에서 빠질 수 있는 것도 사실 어떻게 보면 내 자유인 것이다.

최근 어려움이 있는 아이들을 정신과 의사가 나와서 상담해주는 프로그램이 매우 인기이다. 나도 이 프로그램을 자주 챙겨보는데, 여기에 나온 어떤 부모들은 아이들에게 선택할 수 있는 자유라든지, 이런 것들을 거의 주지 않고, 아이들을 많이 통제하고 있었다. 어떤 집은 아이가 중학생인데도 부모가 하나하나 모든 것을 결정해서 정해주고, 사사건건 모든 일에 간섭하며 잔소리를 하던데, 아이가 굉장히 답답해하는 모습을 보여주었다. 나는 이런 것은 아이에게도 부모에게도 절대 좋은 것이 아니라고 생각한다. 부모가 자유를 원하듯이 아이들도 자유를 원한다. 이때 자유는 남들에게 피해를 주면서까지 내 마음 내키는 대로 행동하는 방종(放縱)을 의미하는 것이 아니라, 자신의 행동에 책임을 질 수 있고 타인의 자유를 침범하지 않는 선에서의 자유를 의미한다.

사실 세준이도 유치원을 싫어하는 가장 큰 이유가 유치원에서 자기 마음대로 할 수 있는 자유가 없어서이지 않겠는가. 정해진 시간에 무조건 밥을 먹어야 하고, 정해진 시간에 짜인 프로그램을 수행해야 하니, 갑갑함을 많이 느꼈을 것이다. 어떻게 보면 큰아들 세준이는 나를 정말 많이 닮았는데, 내가 통제를 정말 많이 싫어한다. 그래서 여행을 갈 때도 아무리 편하다고 한들, 패키지 여행은 정말 질색이다. 시간마다 정해진 스케줄대로 관람을 하는 것 자체가 나한테는 고역이다. 나는 내가 보고 싶은 것을 내가 보고 싶을 때 보러가고 싶다.

셋째, 타인과의 긍정적인 관계가 필요하다. 개인적으로 사람과 사람 사이의 관계가 인생에서 가장 어렵고 중요한 문제라고 생각한다. 직장에서 사람과 사람 사이에 조그만 갈등이라도 있으면 그것만으로도 굉장한

스트레스인데, 만약 평일 저녁부터 주말까지 계속 같이 있어야 하는 가족의 경우, 만약 사이가 좋지 않다면, 그 자체로 얼마나 큰 스트레스이겠는가. 특히나 부모와 자식 간의 관계가 좋지 않다면, 아무리 물질적으로 풍족하다고 해도, 가족 구성원들은 절대 행복할 수가 없다. 즉, 가장 많은 시간을 함께하는 가족과의 관계가 그 무엇보다 중요한데, 좋은 관계를 위해서는 아이들은 부모를 공경할 수 있어야 하고, 부모는 자식을 존중해주는 것이 필요하다고 본다. 서로 간의 사랑은 당연한 것이고 말이다. 특히 아빠의 경우, 간혹 아이들에게 거친 말투를 쓰거나, 아이들이 싫어하는데도 심한 장난을 하며 아이들을 존중하지 않는 태도를 보이기 쉬울 수 있으니, 그런 점들을 늘 조심해야 한다.

특히 관계에 관해서, 내가 아무리 노력한다 한들, 살아가면서 나와 잘 맞는 사람만 만날 수는 없고, 때때로 나와 맞지 않고, 심지어 대립 관계에 있는 사람들도 만날 수도 있다. 이런 경우, 그런 사람들과 부정적 상황이 발생하면 현명하게 대처하고, 적당히 관계를 유지하며 멀어질 수 있는 것이 필요하다. 그리고 설령 다른 사람과의 관계로부터 스트레스를 받는 상황이 생기더라도, 그 상황에서 얼른 벗어나, 자신의 마음을 평온하게 만드는 것이 필요하다. 굳이 모든 사람과의 관계를 좋게 만들려고 노력할 필요도 없고, 주변 사람들과 골고루 친할 필요도 없다. 다만, 적은 만들지 않는 것이 중요할 것이다.

넷째, 최소한 기본적 의식주의 충족이 가능한 경제적 여유가 필요할 것이다. 돈이 있다고 무조건 행복한 것은 아니지만, 돈 없이 행복하기는 쉽지 않다. 최소한 사람답게 살 수 있는 기본 의식주가 갖춰진 상태에서 우리는 행복을 이야기할 수 있다. 예전, 어떤 어려운 가정의 이야기를 다룬 방송을 본 적이 있었다. 안타깝게도 그 집은 가장인 아버지가 몸이 좋지 않아, 일을 나가지 못해 집안 형편이 무척 어려웠는데, 쌀이 없어 먹을 것이 없는 바람에 가장 막내인 어린 아이가 배고파 울고 있는 모습을 보며 무척 마음 아파했었던 기억이 난다. 게다가 어느 정도 자란 첫째와 둘째는 그런 환경 속에서 집에 들어오길 싫어해 밖에 나가 밤늦게나 집에 들어오곤 했는데, 그 당시 그 방송을 보면서, 기본적 의식주의 충족이 얼마나 중요한지 새삼 깨달았다. 아무리 부부 간의 금슬이 좋고, 애정으로 아이들을 키워도, 기본 의식주가 충족되지 않은 상황에서는 여유와 행복을 추구하기가 쉽지 않을 것이다. 아이들의 마음도 쉽게 상처받을 수 있고 말이다. 인심은 곳간에서 나온다는 옛말이 괜히 있는 것이 아니라 생각한다. 생각보다 많은 사람들이 돈 때문에 싸우고, 돈 때문에 갈라선다. 또 우리가 고민하는 많은 것들 중에 돈으로 해결할 수 있는 것이 의외로 많다. 기본 의식주를 충족시킬 수 있는 여유로운 경제적 환경이 행복의 중요한 조건이 될 수 있다고 생각한다.

다섯째, 살아가는 데 있어서 삶의 즐거움이 있어야 할 것이다. 하고 싶은 일을 찾고, 흥미 있어 하는 일을 즐기는 모습이 필요하다. 예를 들어 내가 좋아하는 나만의 취미가 있을 수 있는데, 이러한 취미를 통해 스트레스도 풀고, 행복도 느낄 수 있다. 다만, 지금 육아에 전념하고 있는 나로서는 뭔가 본격적으로 취미 생활을 즐길 엄두가 나지 않았다. 가끔 명절 때 만나는 친지들에게서 골프나 독서 모임 같은 다양한 취미 생활에 대해 들을 수 있었는데, 대개 아이들이 이제 어느 정도 컸거나, 혹은 아직 아이가 없는 경우에 저렇게 취미 생활을 누리고 있었다.

그럼에도 무엇인가 내가 하고 싶은 취미 생활을 하면서 그것을 즐길 수 있다면, 당연히 매우 행복할 것이다. 그래서 나의 현재 상황에 맞게 찾은 취미가 육퇴(육아 퇴근) 이후 그날의 생각들을 적는 글쓰기이다. 글쓰기는 나에게 행복을 주는 취미이며, 글쓰기를 통해 그날의 부정적인 감정들을 털어내고, 완성된 글을 보며 보람을 느끼기도 한다.

정리하자면, 내가 생각하는 행복의 조건은 건강, 자유, 긍정적 인간관계, 경제적 여유, 삶의 즐거움 이렇게 5가지이다. 이 5가지 조건이 충족되어야 행복의 기본 바탕이 마련될 수 있다고 생각한다. 부모로서 우리와 우리 아이들이 행복하기 위해 위의 조건들을 잘 충족하고 있는지 생각해보고 만약 충족되지 않았다면 해당 조건을 만족시키기 위해 노력을 해야 할 것이다. 예컨대 취미 같은 경우, 큰아들 세준이는 요새 종이접기에 푹 빠져 있다. 생각처럼 잘 되지 않을 경우, 간혹 신경질(?)을 내기도 하지만, 종이접기가 완성되었을 경우, 굉장히 기뻐하고, 신나한다. 자신이 좋아하는 일을 집중하며 하는 모습이 무척 행복해보였다. 우리 아이들이 행복한 하루라고 말할 수 있는 날들이 계속되길 기도한다.

아빠의
한마디

아빠에게

...

행복의 5가지 조건을 잘 충족시켜서
아이들에게 집을 가장 행복한 공간으로 만들어주세요.

6

내 탓이오, 내 탓이오, 또 내 탓이오

우리집 둘째아들 세환이는 큰아들 세준이보다 몇 배는 더 활발하고, 외향적이다. 세준이를 키울 때, 하도 밥을 잘 안 먹어서 힘들었었는데, 세환이는 밥을 주는 대로 넙죽넙죽 받아먹고, 심지어 우리가 뭔가를 먹고 있으면 고새 쪼르르 달려와서는 자기도 달라고 소리치니, '이거 신세계로구나, 둘째는 편하다더니 정말이로구나.' 하면서 아내와 내가 기뻐했던 것이 어제 같다.

그런데 웬걸, 세환이가 크면 클수록, 힘들고 어려움이 세준이의 배는 되는 것 같다. 오죽하면, 예전 세준이를 봐주셨고, 지금 세환이도 가끔 봐주시는 장모님께서 세환이를 볼 때마다 너무 힘들다며 혀를 내두르시겠는가. 그러다 보니, 우리 부부와 세준이를 알고 있는 친척들 사이에서는 세준이의 재평가가 이뤄지고 있는 중이다.(세준이 키울 때 너무 힘들다고 했지만, 사실은 세준이가 엄청 착하고, 부모를 편하게 해준 아이였다.)

특히 세환이 같은 경우, 물을 가지고 노는 것을 무척 좋아한다. 목욕할 때도 물의 감촉이 좋은지 물 뿌리고 노는 것을 좋아하는데, 이게 도를 지나치다 보니, 이제는 물만 보면 손을 넣어서 만져보고 여기저기 뿌려버린다는 데 문제가 있다.

마침 어제 저녁에도 세환이가 물을 가지고 사고를 쳤다.

하루 일과가 마무리될 무렵, 탄산수에 오미자청을 타서 한잔 하는 것이 내 하루의 즐거움 중 하나이다. 저녁 설거지를 끝내고 한잔 마시려고 컵에 가득 따라놓았는데, 세준이가 아빠랑 놀자고 내 뒤에 와서 매달리는 통에 컵을 잠시 식탁 위에 나두고 세준이와 이리 뒹굴, 저리 뒹굴하고 있었다. 그때, 거실에서 장난감 자동차를 열심히 굴리고 있던 세환이가 아빠가 내려놓는 것이 무엇일까 궁금했던 모양인지, 얼른 컵이 있는 데로 가서는 손을 컵 안에 넣어 휘휘 저어보더니, 컵의 내용물을 바닥으로

부어버리기 시작했다.

"김세환, 안 돼!!!!!!"

내 절규에도 아랑곳없이 세환이가 나를 한번 쓱 보더니, 안면에 웃음을 띄고 다시금 자기 놀이에 집중했다. 세준이가 뒤에 매달려 있다 보니, 바로 제지하러 가질 못하고, 어디선가 뛰어온 아내가 얼른 세환이 손에서 컵을 뺏고 야단치기 시작했다.

그런데 이미 엎질러진 물.

바닥에 오미자 탄산수가 흥건하다. 게다가 오미자청은 설탕도 들어 있어서 바닥이 찐득찐득해질 것이 분명했다. 아뿔싸, 일이 하나 더 늘었다. 이런 경우는 걸레에 비누를 묻혀 와서 바닥을 닦고, 다시금 몇 번이고 깨끗한 걸레로 비눗물을 제거해야 한다. 그래야 바닥이 멀쩡해진다. 이건 상당한 노동력이 들어가는 일인데, 이제 좀 쉬나 싶었더니 눈앞에서 대참사가 일어난 것이다.

"김세환!!!!"

화가 머리끝까지 치솟은 나는 세환이를 노려보며 나도 모르게 소리를 질렀다.

 그제야 자기가 뭔가 잘못을 저질렀다고 생각하는지, 세환이도 움찔했다. 그런데 세환이는 잘 울지도 않는다. 그 큰 눈을 끔벅끔벅하면서 혼날 때마다 하는 특유의 눈물 즙 짜내기 신공을 시전했다. 평소 같았으면 그 모습을 보고 바로 화가 풀려서 좋은 말로 타일렀겠지만, 하루의 즐거움이 날아간 것 포함하여 일할 것이 더 늘어난 내 상황에서는 쉽게 화가 가라앉지 않았다.

 재차 세환이에게 엄한 목소리로 한바탕 훈육을 하고 나니, (물론 잘 알아듣지도 못했겠지만,) 세환이는 몇 번 눈물을 짜낸 것으로 자기반성은 다했다고 생각하는지 얼른 제 엄마한테로 도망가버렸다.

 그 사이, 세준이는 약간 움찔한 모양이다. 자기가 아빠 뒤에서 아빠한테 매달려 있는 바람에 아빠가 세환이를 못 말렸다고 생각했는지, 그리고 아빠가 지금 화가 나 있다는 것을 알아차렸는지, 갑자기 얼른 물티슈를 빼오더니 세환이가 흘린 오미자탄산수를 닦기 시작했다. 그러더니 평소에는 시키기 전까지 하지도 않던 양치질을 하겠다며, 자기 칫솔에 치약을 묻혀 쓱쓱 양치질을 하고 있었다.(즉, 자기 딴에는 아빠 눈치를 본다고, 자기가 먼저 양치질을 한 것이다.)

그러는 와중에 어느새 화도 풀리고, 마음이 진정되어, 엉망이 된 바닥을 얼른 정리하고, 세준이에게 가서 이번 일은 세준이 잘못이 아니라고 혹여 놀랐을 마음을 달래주고, 세환이에게도 가서, '그래 네 잘못이 아니다. 너는 당연히 호기심이 생겼겠지, 거기에 컵을 놓은 내 잘못이다.'라고 말을 해줬다. 알아들었는지는 모르겠지만 세환이는 고새 혼난 일은 안중에도 없는지, 다른 놀이를 한다고 한창이다.

아이들을 키우다 보면, 이렇게 화가 나는 일이 여기저기서 발생하는데, 그때마다 화를 내고 아이 탓으로 책임을 돌리면, 화를 내는 나도 기분이 상하고 더군다나 아직 미성숙한 아이들은 마음에 큰 상처를 입을 수 있다. 더 큰 문제는 자칫 아이들과의 관계가 무너져 내릴 수도 있다.

생각해보면, 아이가 컵을 만질 수 있는 위치에 컵을 놓은 내 잘못이 확실하게 맞다. 19개월짜리 아기가 지금 무엇을 알겠는가. 게다가 기분이 안 좋다고, 화를 내서 분위기를 싸하게 만들고, 큰아들이 눈치 보게 만들었다. 그 상황에서 화를 내는 것보다 일단 진정하고, 침착하게 대응해야 했다. 아직 말도 제대로 못하는 아이에게 무엇인가를 기대할 수 없는 노릇이고, 내가 더 잘하면 될 문제이다. 내 잘못이라고 생각하니, 화났던 감정이 놀랄 만큼 사라지고, 오히려 아이들에게 화를 낸 것이 미안했다.

앞으로 이럴 때는 마법의 주문을 외치고 마음을 가라앉힐 생각이다.

'내 탓이오, 내 탓이오. 내가 잘못한 탓이다.'

아빠에게

...

"어린아이들은 호기심으로 한창 사고를 칠 나이입니다.
아이들을 어른의 잣대로 바라보지 말고 아이들의 행동을
너그럽게 이해해주세요."

7

아들 육아, 아빠가 반드시 필요하다

요즘 큰아들 세준이의 가장 큰 즐거움은 매일 자기 할 일을 마치고 게임을 하는 것이다. 다만, 미리 언제까지 할지 늘 시간을 정해놓고 게임을 하는데, 게임을 하는 동안에는 아빠와 엄마도 어떠한 간섭을 하지 않는 대신, 정해진 시간이 지나면 반드시 게임을 *끄*는 것이 세준이와 약속한 내용이다. 그런데 정해진 시간에 게임을 *끄*는 것과 관련하여 세준이와 아내 사이에 몇 번씩 트러블이 생기는 모양이다. 예컨대, 어제만 해도 세준이가 아내에게 게임 시간 관련해서 꾸중을 듣고 있었다. 내가 알아보니 8시에 시작해서 20분 동안 게임을 하고 8시 20분에 게임을 *끄*기로 했는데, 세준이가 이 약속을 안 지키려고 했다는 것이다. 그런데 또 세준이는 세준이 나름대로 할 말이 있었나보다. 내가 들어보니, 8시 20분에 게임을 꺼야 하는 것은 알고 있었지만, 그때 자기가 게임에서 매우 중요한 일을 수행하는 중이었는데, 몇 분만 더하면 그 일이 성공할 수 있다고 한다. 그래서 어쩔 수 없이 엄마와의 약속을 어기고 몇 분만 더 하려고 했던 것인데, 그것 때문에 엄마에게 혼났다며 자꾸만 뭔가 억울해했다.

그런 세준이를 보면서, 문득 나의 어린 시절이 생각났다. 사실, 나 역시 학창 시절, 굉장히 게임을 좋아하고 많이 했었던 경험이 있다.(사실 대한민국의 많은 아빠들 중에 게임에 빠져보지 않은 아빠는 거의 없을 것이다.) 게다가 남동생까지 있으니, 남자아이 둘이서 얼마나 게임을 많이 했겠는가. PC방이며 오락실 등을 여기저기 안 가본 곳이 없다. 특히 예전 중학생 때, 친구에게서 TV에 연결하여 게임을 할 수 있는 콘솔 게임기를 빌려왔던 적이 있었다. 그런데 당시 엄마와 아빠는 우리들이 게임을 하는 것에 대해 엄격히 금하시다 보니, 낮에는 게임을 할 수 없었고, 어떻게 해서든 밤에 몰래 게임을 해야 하는 상황이었다. 그래서 밤에 부모님 두 분이 주무시기를 기다려 마루에 있는 TV를 동생과 둘이서 우리 방으로 몰래 옮겼던 적이 있었다. 그리고 그 TV를 책상 밑에다가 넣어놓고 이불로 방문 밖으로 새어나가는 불빛을 막은 뒤, 밤새도록 동생과 둘이서 게임을 했었다. 다행히 부모님께 걸리지 않았고, 그렇게 몇날 며칠 동안 밤새서 게임을 한 뒤, 게임기를 친구에게 되돌려줬던 것이다.

　그러다 보니, 나는 개인적으로 아들의 이런 항변이 어느 정도 이해가 갔었다. 게임을 하다 보면 매우 중요한 순간일 때가 있는데, 그때가 마침 게임을 끝내야만 하는 시간이라면, 솔직히 나라도 고민이 될 것 같았다. 그래서 내가 아내와 아들 사이에 개입하여 일단 아들에게 엄마의 말이 맞다고, 시간 약속을 했으면 지키는 것이 가장 중요한 것이라고 말해 줬다. 그러나 다만, 네가 말한 것처럼 지금 매우 중요한 순간이라 부득이하게 시간이 좀 더 필요하다면 얼마나 필요하냐고 물었더니, 딱 3분이면 된다고 한다. 그래서 이번에는 아내에게 아이가 3분만 더 달라고 하니, 그 시간만 이해를 해달라고 양해를 구했다. 다행히 아내도 알겠다고 하여, 아이에게 그만큼 시간을 다시 주겠다고 했다. 그러면서 3분이 지나면, 그 일이 제대로 되든 안 되든 확실하게 끄는 것이라고 아이와 약속을 하였다. 그러자 세준이는 기뻐하며 다시 제 방으로 게임을 하러 들어갔다.(나중에 세준이에게 어떤 일 때문에 시간이 필요했냐고 물어보니, 게임에서 말을 밧줄로 잡았는데, 자기 목장에 데려와서 넣는 중이었다고 했다. 목장에 넣으려는데, 말이 잘 들어가지 않아서 끙끙대고 있던 참에 엄마가 게임을 끝내라고 하니, 세준이 입장에서는 힘들게 잡은 그 말을 목장에 집어넣고 게임을 끝내고 싶었던 것이다.)

나는 아내에게 아이와의 약속을 믿어보자고 말하며, 아내를 데리고 거실로 나왔다. 그리고 3분이 지나도 아이의 방에 들어가지 말고, 한번 한참 뒤에 들어가보자고, 만약 정말 게임에서 꼭 필요한 상황이어서 그 몇 분이 필요한 것이었으면 자기가 알아서 몇 분 뒤 게임을 끌 것이고, 만약 약속한 몇 분이 지나도 게임을 끄지 않으면 그것은 말 그대로 게임을 더 하고 싶어서 그렇게 말한 것이니 그때는 엄하게 훈육을 하자고 아내에게 말했다. 한참 뒤, 아내가 슬쩍 아이 방에 들어가 보더니, 나한테 와서 세준이가 정말 약속대로 게임기를 알아서 끄고 책을 보고 있었다면서 내 말대로 시간을 좀 더 주고 아이의 상황을 이해해주길 잘했다고 한다.

사실 약속을 했으면 정해진 시간에 게임을 끄는 것이 맞다. 그리고 약속을 어긴 것에 대해 훈육을 한 아내의 행동도 당연히 부모로서 해야 하는 올바른 행동이다. 다만, 엄마들은 학창 시절, 게임을 해본 경험이 거의 없다 보니, 아들들의 이런 생각과 행동을 이해하기가 쉽지 않은 것이다. 아내에게도 물어보니, 학창 시절 게임을 해본 적이 없었다고 한다. 그런데 나 같은 경우는 게임을 많이 해봤기 때문에 세준이의 그런 상황과 마음에 대해 어느 정도 이해하고 공감할 수 있었던 것이다. 개인적으로 아들들을 키우는 데는 아들을 좀 더 잘 이해할 수 있는 아빠들의 역할이 매우 중요하다고 생각한다.

게다가 아들들은 무척 단순하고, 짓궂은 면이 있다. 당장 우리 큰아들만 해도 여섯 살인 지금 거칠고 짓궂은 장난을 많이 친다. 그런데 엄마에게 이런 장난을 쳤다가는 바로 방으로 끌려들어가서 눈물, 콧물 쏙 빼게 혼나고 나올 것이다. 그런데 나한테 같은 장난을 칠 경우, 나도 어릴 때, 이와 비슷한 장난을 많이 쳤던 경험이 있는 만큼, 아빠로서 심각하고, 잘못된 장난이 아니고서야 웬만큼 받아주고 놀아주곤 한다. 예를 들어, 오늘만 해도, 내가 집에서 세탁기에 빨래를 넣다가 벽 모서리에 무릎을 부딪혔는데, '아이고, 무릎 부딪쳐서 아프네.' 하면서 앉아 있으니, 고새 그 말을 들은 큰아들 녀석이 장난치러 와서는 무릎을 쿡쿡 손가락으로 쑤시고 도망을 갔다. 만약 아내가 무릎을 다쳤는데, 큰애가 그러고 갔으면 바로 끌려가서 엄마 다친 거 안 보이냐고, 지금 뭐하는 행동이냐면서 크게 혼났을 것이다. 그런데 나도 어릴 때, 동생과 둘이서 안 해본 장난이 없다보니, 이런 장난은 아들 녀석의 좀 짓궂은 장난으로 이해가 되는 것이다. 그래서 나는 '아빠 무릎 아픈데 장난을 치다니, 이제 절뚝거리는 괴물이 세준이 잡으러 나간다. 절뚝! 절뚝!' 이러면서 큰아이를 쫓아갔더니, 자지러지게 웃으며 신이 나서 여기저기 도망 다닌다. 그 사이 둘째 세환이도 뭔가 신나는 놀이가 펼쳐진 줄 알고, 얼른 아빠와 형 사이에 껴서 정신없이 도망 다니기 시작했다.

이처럼, 아들 육아에는 당연히 엄마만의 역할도 필요한 부분이 있겠지만, 아빠의 역할이 필수적인 부분이 있다는 것이다. 즉, 아들들의 생각과 행동에 대해 엄마가 이해하기 어려운, 아빠로서 채워줄 수 있는 공감과 이해가 있다 보니 아들들을 키우는데 아빠들의 육아 참여가 꼭 필요한 것이다. 또 그 과정에서 아빠와 아들 간에 긍정적인 관계도 형성될 수 있다. 만약 아들들의 생각과 행동에 대해 공감과 이해 대신 엄격한 잣대만 들이대며 엄하게 훈육하는 아빠라면 아이들이 아빠를 두려워할 수는 있어도 긍정적인 좋은 관계를 형성하기 어려울 것이다.

그렇다고, 아이들과 위계가 전혀 없는 아빠, 아들 사이가 되라는 것은 아니다. 아빠와 아들 사이의 위계는 꼭 필요하다고 본다. 나도 아이가 잘못한 부분은 확실하게 아빠로서 엄하게 훈육을 하는 편이다. 다만, 아빠로서 아들의 행동을 이해해줄 수 있는 부분은 공감을 해주는 것이 필요하다는 것이다. 그래야 아이들도 자기가 잘못하여 엄하게 혼난 부분에 대해서는 불만을 갖지 않는다.

특히 이런 아들과의 관계는 어릴 때 골든타임이 있다고 생각한다. 아들들이 커서 어느 정도 성인이 되면, 그때 가서 아빠로서 아들에게 친한 척을 하기가 생각보다 쉽지 않고, 혹은 아들들 입장에서는 그동안 관심도 없다가 왜 이제 와서 친한 척을 하냐고 생각할 수도 있다. 긍정적인 관계는 가급적 어릴 때부터 형성해야 한다. 무엇보다, 아들들에게 단지 돈만 벌어오는 아빠로서가 아닌, 자신을 이해하고, 공감해줄 수 있는 아빠로서 아들들과 긍정적인 관계를 형성하길 바란다. 아들 육아는 아빠의 역할이 매우 중요함을 한번 더 강조하고 싶다.

아빠의
한마디

아빠에게

...

'아들들의 생각과 행동을 이해하고 공감해줄 수 있는
아빠가 되어 주세요.'

아빠의 긍정 육아가 아이의 행복을 만든다

8

행복은 평범한 일상 속에 있다

운 좋게 평일에 아내와 내가 둘다 시간이 나서 두 아이들을 데리고, 횡성에 놀러가게 되었다. 우리가 묵은 숙소는 바로 앞에 커다란 잔디 운동장이 있어서, 아이들이 마음껏 뛰어놀 수 있는 곳인데, 마침 평일에 놀러간 터라 사람들이 거의 없어서 그 큰 운동장을 우리만 사용할 수 있었다. 오후 내내 운동장에서 실컷 축구를 하고, 저녁에는 숙소 지하에 있는 오락실에서 큰아들 세준이가 좋아하는 게임까지 질릴 때까지 신나게 하고 들어왔으니, 세준이가 안 좋아할 수가 있겠는가. 숙소에 들어와서도 신나서 이리저리 뛰어다니며 하는 말이 아빠와 엄마 아들로 태어나서 행복하단다. 둘째 세환이도 놀러온 숙소가 맘에 드는지 여기저기 마음껏 뛰어다니며 제 형이랑 술래잡기를 하고 신나게 놀았다.

아이들이 이렇게 좋아하니, 데리고 온 나도 아빠로서 기분이 뿌듯했다. 아이들의 모습을 보면서, 어떻게 보면 행복이 특별한 것에 있는 것이 아니라, 평범한 일상 속에 있는 것임을 새삼 깨달을 수 있었다. 이렇게 사랑하는 가족과 함께 맛있는 밥을 먹고, 자연 속을 산책하며, 다 같이 이야기를 나눌 수 있는 지금 이 순간이 바로 행복인 셈이다.

그런데 특히 많은 아빠들이 행복을 위해 이런 저런 조건들을 붙인다. 특히 많이 붙이는 조건이 바로 '~한다면'이다. '~한다면'은 지금이 아닌 미래의 행복을 찾는 것이다. 즉, 우리 가족의 미래의 행복을 위해서라는 이유를 내세우며 아이들과의 평범한 일상 속 행복을 아무렇지 않게 여기곤 한다. 솔직히 말한다면, 나 역시 현재에 만족하지 못하고 미래의 행복을 찾아 헤매었다. '나에게 돈이 얼마 정도 있다면'부터 시작해서 '돈을 많이 벌어서 지긋지긋한 직장에 나가지 않아도 된다면' 같은 조건들을 붙이고, 미래에 그 조건들이 충족된다면, 그때서야 행복해질 수 있다고 생각했었다. 그래서 아이들과의 평범한 일상에서 오는 행복을 가볍게 여기고, 자꾸만 미래의 거창한 행복만 꿈꾸면서 때로는 스트레스도 받았었다.

그러나 오늘 아이들을 데리고 여기 횡성에 놀러와서 평소와 다른, 뭔가 특별한 것을 한 것도 아니었다. 집에서도 종종 나가서 하는 축구를 했으며, 게임을 한 것뿐이다. 어떻게 보면 그냥 흔한 일상이지만, 아이들에게는 아빠, 엄마와 함께하는 순간이었고, 마음껏 뛰어놀 수 있었기에, 다른 특별한 무엇인가를 한 것보다 더 행복하고 즐거웠던 것이다. 이처럼 우리는 지금 하루의 일상 속에서 행복을 찾을 수 있다.

나의 하루 일상 중 가장 행복한 때를 3가지 고르라면,

우선 첫째, 아들 둘과 놀 때 가장 행복하다. 요즘 큰아들 세준이와 가장 많이 하는 것은 바로 공 던지고 받기 놀이이다. 공과 글러브를 선물받은 뒤로 자꾸만 공던지기 놀이를 하자고 나에게 조르는데, 이제는 제법 잘 던진다. 내가 야구 규칙을 좀 알려줬더니, 스트라이크를 던져서 아웃을 시키면 좋아서 방방 뛰곤 한다.(세준이의 경우 승부욕이 매우 강한 편인데, 볼을 세 번 정도 던지면 이미 얼굴이 빨개져서 눈가에 눈물이 고이기 시작한다. 이럴 때는 얼른 웬만한 볼도 스트라이크로 잡아줘야 한다.) 공 던지고 받기 놀이를 할 때면 세준이 얼굴에는 행복한 미소가 가득하다.

둘째아들 세환이의 경우, 술래잡기를 가장 좋아한다. 내가 세환이를

잡으러 '어흥' 하며 쫓아가면, 좋아서 자지러지게 웃으며 여기저기 도망치기 시작한다. 그러다 아빠에게 잡히기라도 하면, 온몸 간지럽히기 고문을 당하고, 신나서 깔깔 웃는 것이다. 특히 내가 안방 침대 이불 속으로 숨은 뒤, '세환아, 아빠 숨었다.' 하고 외치면 안방으로 나를 찾으러 오는데, 내가 이불 속에 숨어서 눈에 보이지 않으니, '어~어?' 하면서 두리번두리번 거린다. 숨어서 지켜보다가 이불 속에서 입으로 '똑딱똑딱' 소리를 내면 그제야 환하게 웃으며 이불 안을 들쳐보기 시작한다. 그러다 아빠를 발견하면 잡힐까 봐 또 냅다 도망가는 것이다. 다시 안방에 숨을 때는 일부러 문 뒤쪽에 숨는데, 세환이가 얼른 와서 이불을 들쳐보고는 아빠가 없는 것을 확인하고 또 두리번거리면서 당황해한다. 그 모습이 너무 귀여워서 나는 하루에 수십 번씩 안방에 숨고 있다. 이처럼 아이들과 함께 노는 시간은 어떠한 근심 걱정도 없이, 오로지 아이들에게만 집중하며, 아이들이 느끼는 즐거움과 행복을 나 역시 똑같이 느낄 수 있는 것이다.

둘째, 저녁에 두 아이들을 재운 후, 아내와 맥주 한잔을 하며 대화를 나눌 때이다. 하루의 힘든 육아가 끝나고, 밀린 집안일을 끝내고 나면 보통 저녁 10시 정도가 되기 마련이다. 이제 밤 12시까지는 아내와 나의 자유시간이다. 하고 싶었던 각자의 취미생활도 하고, 아내와 그날 있었던 일들에 대해 이야기도 나눈다. 나의 취미생활은 글쓰기인데, 그날그날 떠올랐던 재미있는 이야깃거리들을 미리 메모해놓았다가, 이렇게 밤에 글을 써내려가는 것이다. 여담이지만, 이런 방식으로 책 2권을 써냈으니, 취미생활이었던 글쓰기가 점점 스케일이 커지는 중이다. 특히 가끔 아내와 맥주 한잔씩 하며 이런저런 이야기를 나눌 때면, 며칠 동안 쌓였던 육아 스트레스가 싹 날아가곤 한다.

마지막으로 점심시간에 밥을 먹고, 산책할 때이다. 나같은 경우는 점심시간에 눈이 오나, 비가 오나 무조건 밥을 먹고 산책을 한다.(유일하게 산책하지 않을 때는 미세먼지가 최악일 때이다.) 특히 나는 다른 사람들은 모르는 나만의 산책 코스를 만들었는데, 그 산책 코스를 혼자서 조용히 걷는 것이다. 이렇게 산책을 하면 먹은 밥을 소화시키기에도 좋고, 혼자서 이런저런 생각들을 정리하고, 다양한 상상들을 할 수 있어서 나에게는 하루의 가장 중요한 시간이기도 하다. 이렇게 루틴화 시켜서 산책을 해왔는데, 산책을 하면서 그간 쌓인 스트레스와 찌든 때를 벗어던지는 느낌을 매일 받는다.

옛말에 건강한 사람은 수십 가지 소원이 있지만, 아픈 사람은 단 한 가지의 소원만 있다고 한다. 마찬가지로 지금 평범한 일상 속에 있는 사람들은 그 일상이 얼마나 소중한지 모르고, 수십 가지 행복의 조건들을 내세우며 미래의 행복을 바란다. 그러나 그 평범한 일상이 깨져버린 사람들에게는 아마 평범한 일상으로의 회복이 가장 바라는 소원 단 한 가지일 것이다. 지금 아이들과 함께하는 평범한 일상을 소중히 여기고, 그 속에서 진정한 행복을 찾자. 그 행복들이 모여 미래의 더 큰 행복이 될 것이다. 특히 아이들을 데리고 뭔가 거창한 것을 해야만 아이들이 행복해하고 즐거워하는 것은 아니다. 아이들은 아빠가 자신들의 눈높이에 맞춰서 활발하게 소통하고 재미있게 놀아주는 것을 가장 좋아하고 즐거워했다. 진정한 행복은 평범한 일상 속에 있다는 것을 반드시 명심하자.

아빠의
한마디

아빠에게

...

'아직 오지 않은 미래의 행복을 찾는 것보다
지금 아이들과 함께하는 평범한 일상 속 행복을
소중히 여기시길 바랍니다'

9

내 공부를 도와줘요, 설몬 씨!

아이 공부는 부모가 가르치는 것이 아니라지만, 큰아들 세준이가 여섯 살 될 무렵부터 특히 수학 관련해서는 내가 전담하여 아이를 가르쳐 왔다. 수학의 경우, 어릴 때부터 기본기를 확실히 다져놓지 않으면, 초등학교에 가서 어느 순간 확 어려워지는 수학에 많은 아이들이 수학포기자가 된다는 이야기를 주변 수학 선생님들에게 듣고서 내가 나서서 세준이를 가르치고 있는 것이다. 무엇보다 내가 세준이에게 한글을 읽고 쓰는 것을 잘 가르쳐본 경험이 있으니, 초등 수학 역시도 내가 충분히 잘 가르칠 수 있을 것이라 생각했다.(한글은 국어 교사인 내가 아주 재미있고 즐겁게 아이를 가르칠 수 있었다.)

그런데 세준이가 내가 가르치는 수학 공부를 곧잘 따라오기에, 나도 모르게 욕심이 좀 생겨서 초등 영재를 위한 창의력 수학 문제집까지 사게 되었다. 창의력 수학 문제 역시 내가 관련 수학 원리를 설명해주면, 나름대로 혼자서 제법 풀어내기에, 세준이가 잘 따라온다고 생각을 했었는데, 이 창의력 수학이라는 것이 세준이에게 좀 어려웠었나 보다. 아빠한테 어렵다는 말도 못하고, 혼자서 스트레스를 받았는지, 어느 순간부터는 수학 공부하는 것을 조금씩 힘들어했다.

게다가 그런 세준이를 가르치면서 분명 세준이가 알 법한 쉬운 내용인데, 자꾸 자신감 없이 소극적으로 하는 모습을 보이고, 딴짓을 하기에, 나도 모르게 세준이에게 언성을 높이고 화를 내는 일이 몇 번 생겼다. 분명 아이를 공부시키다가 화를 내고, 아이를 무시하는 발언을 하는 것이 아이에게 마음의 상처가 될 수 있다는 것을 알지만, 자꾸 공부에 집중하지 않고 딴짓을 하며 쉬운 문제조차 풀어내지 못하는 모습에 그만 화가 나버린 것이다.

아이는 아빠가 화를 내니, 더 얼어붙어서는 아무 말도 못하고 눈물만 뚝뚝 흘렸다. 그나마 아내가 뛰어와서 아이를 달래줬기에 망정이지, 내가 계속 아이를 혼냈다면 자칫 수학에 대한 관심을 잃고, 심지어 부자(父子) 관계마저 부정적으로 변할 뻔했다. 그런데 그 당시에는 그런 행동이 분명히 내 잘못임을 알았고, 다시는 그러지 않으리라고 다짐했건만, 다시 아이와 같이 책상에 앉아 수학 문제를 풀다가 또다시 아이가 문제에 집중하지 않고 버벅대는 모습을 보여주고, 아무리 쉽게 설명을 해도, 자꾸 틀린 답만 골라내는 모습에 그만 나는 또다시 세준이에게 화를 내버리는 일이 발생하는 것이었다. 이런 상황에 이르자, 아이는 이제 엄마와 공부를 하겠다고 말하는 지경에 이르렀다. 아빠보다 엄마가 수학을 더 친절하게 설명을 해준단다. 그리고 아빠가 이제는 싫단다. 공부고 뭐고 아무것도 하기 싫다는 반응까지 보였다.

아이의 그런 반응에 순간, 나의 어린 시절이 생각났다. 나 역시 아버지께서 어릴 때부터 나를 끼고 앉아 수학 문제를 가르쳐주시곤 했었다. 지금도 기억나는 것이 아버지께서 어려운 수학문제 책을 사오셔서 밤마다 같이 풀었었는데, 문제가 어려워서 당시 어린 나로서는 그 문제를 도저히 풀 수 없었다. 그렇게 혼자서 몇십 분을 끙끙거리며 고민하고 있다가 앞에 앉아계신 아버지를 보면 어느새 아버지는 꾸벅꾸벅 졸고 계셨다. 그러면 어린 나는 조심스럽게 아버지를 깨우며, 이제는 들어가서 자도 되는지를 여쭤봤었고, 아버지께서는 그제야 얼른 들어가서 자자면서, 풀던 문제집을 덮게 해주셨다. 그때 어린 시절의 나는 그런 수학 공부를 좋아했었는가, 아니면 그 시간이 끔찍하게 싫었는가. 내가 곰곰이 생각을 해보니, 그때의 어린 나는 매일 밤 아빠와 같이 공부하는 수학 시간이 무척 괴로웠던 기억으로 남아 있었다. 그때의 수학 공부 덕분에 내가 나중에 수학을 매우 잘하게 되었음에도 말이다.

머리를 망치로 한 대 맞은 것 같았다. 어린 시절 내가 그렇게 싫어했던 수학 공부의 괴로움을 지금 내가 어린 아이에게 고스란히 그대로 전달하고 있는 것이 아닌가. 한참을 고민한 끝에, 아이와 다음과 같은 대화를 나누었다.

"이제부터는 네 수준에 지나치게 어려운 문제는 하지 말자. 만약 너무 어렵게 느껴진다면, 그건 네 수준에 맞는 문제가 아니니까, 스트레스 받아가면서 공부할 필요가 없다. 그리고 네가 공부를 할 때면, 이제 아빠를 '설몬 씨'라고 불러줘. '설몬 씨'는 '설명 몬스터'(BTS의 리더 RM이 랩몬스터인 것에서 착안했음.)의 준말이야. 그런데 이 '설몬 씨'는 너무너무 착해서 절대 화를 내지 않고, 언성도 높이지 않으며, 몇 번을 다시 물어봐도 친절하게 쉽고 자세히 알려준대. 혹시 공부를 하다가 막히는 부분이 있으면 '설몬 씨, 헬프!'를 외치면 돼. 그리고 아빠가 그동안 네게 수학을 가르치면서 상처를 주는 말도 몇 번 했었고, 화를 낸 적도 있는데, 정말 미안해. 이제는 그런 일 없을 거야. 즐겁게 공부를 해보자."

아이도 '설몬 씨'라는 캐릭터가 재밌게 느껴지는지 좋다고 했다. 그리고 이제부터 공부를 하다가 막히는 부분이 있으면 언제든지 '설몬 씨'를 불러서 도움을 요청하기로 했다. 그런데 놀라운 것은 나도 내가 '설몬 씨'라고 생각을 하면서, '설몬 씨'라는 캐릭터의 특징(화를 절대 내지 않는다. 언성도 높이지 않는다. 이해를 못하더라도 몇 번이고 쉽게 알려준다. 등)을 내 머릿속에 넣어놓다 보니, 예전 같았으면 아이에게 왜 이것도 못 푸느냐고 한마디 했을 법한 상황에서도 절대 목소리를 높이지 않고, 천천히 매우 친절하게 설명을 해주게 되더란 것이다.

그러니까 아이가 이제 '설몬 씨' 선생님을 굉장히 좋아하게 되었다. 공부를 할 때면 '설몬 씨'를 꼭 부르고, 이제는 수학 공부할 때 재미가 있단다. 그리고 천천히 몇 번이고 설명해주니 어려운 것이 나와도 두렵지 않단다. 진작 이렇게 할 걸, 그간 세준이에게 무척 미안한 마음이 들었다. 게다가 무엇보다 내가 세준이를 언제까지 가르칠 수 있겠는가. 내가 수학을 가르치는 사람도 아니고, 고작 초등 수학 정도까지만 내가 어떻게 가르칠 수 있을 뿐이지, 중학교에 가면 그때는 아이가 나보다 수학을 더 잘할 것이다. 그 순간이 짧다면 짧고 길다면 길겠지만, 아마 그 기간은 아빠가 아닌 '설몬 씨' 선생님이 계속 세준이를 가르쳐줄 예정이다.

그런데, 그날 밤. 침대에 세준이와 누워서 오늘 같이 공부했던 '설몬

씨'에 대해서 이런저런 이야기를 나누고 있었는데, 문득 세준이가 하는
말.

세준 : "아빠, 설몬 씨는 화도 안내고, 너무 좋았어요."

아빠 : "그러게, 설몬 씨 선생님 진짜 좋았지?"

세준 : "네, 근데 아빠!"

아빠 : "응."

세준 : "그럼 설몬 씨 무시해도 되나요?"

아빠 : "엥?(띠잉)"

세준 : "장난이에요. 장난. ㅎㅎㅎ."

아빠 : "(진지하게)설몬 씨는 만약 무시를 받으면 분노 몬스터인 분몬
씨로 변한대."

세준 : "(움찔)절대 무시 안 하죠. ㅎㅎㅎ."

덕분에 자려고 누운 침대에서 세준이와 나는 한참동안 소리 내어 크게
웃을 수 있었다.

앞서도 말했지만, 부모가 아이를 직접 가르치는 일은 피하라고 많은
육아선배들이 말한 이유를 이제 내가 직접 겪어보니, 뼈저리게 알게되었
다. 내가 학생들을 가르치는 교사라는 직업을 갖고 있음에도 학생들을

대하는 것과 내 아이를 대하는 것이 분명 달랐다. 예컨대 학생들이 잘 몰라서 물어볼 때는 몇 번이고 친절하게 답변을 하면서도, 내 아이가 물어볼 때는 이상하게 아이에 대한 욕심(공부를 잘했으면 하는)과 애정이 더 들어가서 그런지는 몰라도, 학생 대하듯이 하기가 어려웠다. 그래서 많은 육아 서적에서 자기 아이 가르치는 것을 절대 하지 말되, 혹시라도 가르친다면, 남의 아이 대하듯 하라고 한 것인지도 모르겠다.

나 역시 아빠로서 아이를 계속 닦달하며 수학공부를 시켰다면, 어떤 결과가 되었을지 뻔히 보이기에 그간 내 행동이 더욱 반성이 되고, 후회가 된다. 특히 아빠의 경우, 아이에게 공부를 시킬 때, 보통 엄마보다 성격이 더 급하고, 아이를 윽박지르는 성향이 강하다고 한다. 예컨대 아이가 답답한 모습을 보이거나 여러 번 설명했는데도 잘 따라오지 못하면 참지 못하고, 아이에게 화를 더 잘 낸다는 것이다. 나 역시 아이에게 그런 모습을 보여주었고, 자칫 아이와의 관계까지 망가질 뻔하였다. 그럼에도 다행히, '설몬 씨' 캐릭터를 만들어 아이와 같이 공부를 하면서 아이에게 공부의 즐거움을 다시 찾아줄 수 있었고, 나도 화내지 않고 기분 좋게 아이와 함께하는 공부를 마무리할 수 있었다. 모쪼록 이 팁이 아이를 직접 공부시키는 많은 아빠들에게 도움이 되었으면 한다.

아빠에게

...

'아이와 같이 공부를 하면서 화를 내본 경험이 있다면,
화를 내지 않는 캐릭터를 정해서 공부를 도와주세요.
놀랍게도 캐릭터에 맞게 행동하게 된답니다.'

에필로그

 두 아들들을 키우는 부모로서 사실 가장 두려운 날은 바로 아이들 방학하는 날입니다. 아이들이 다니는 어린이집이나 유치원이 방학이라도 한다 치면 그날은 아이 키우는 모든 집에 비상이 걸리는 날입니다. 방학 일정 동안 누가 아이들을 집에서 케어할지, 누가 그때 시간을 낼 수 있을지 아내와 저는 머리를 맞대고 방학 스케줄을 짜야 하죠. 그나마도 두 아이의 방학이 겹치기라도 하면 정말 다행인데, 만약 방학이 서로 다른 날이기라도 하면 그때는 정말 울고 싶습니다. 작년 겨울 방학만 해도 두 아이의 방학 일정이 달라서, 정말 2주(각각 1주씩 방학) 동안 아내와 저는 몇 년은 폭삭 늙은 심정이었거든요.

게다가 아이들을 키우는 것은 보통 시간과 노력이 들어가는 것이 아닙니다. 아침부터 저녁까지 아들 둘과 하루종일 부대끼다 보면 저녁 무렵에는 거의 영혼까지 피곤에 절어 있는 스스로의 모습을 볼 수 있습니다. 때로는 아이를 낳지 않고, 두 부부가 자신들이 하고 싶은 일을 하면서 여유롭게 사는 모습을 보며 부러울 때도 솔직히 있었습니다. 그러나 그럼에도 두 아이들의 행복한 웃음 소리를 들을 때면 그간 힘들었던 육아의 모든 고충이 사라지고, 어느새 저도 아이들의 행복 바이러스에 전염되곤 합니다. 감히 말하건대 육아야말로 세상에서 가장 보람된 일입니다.

저는 아이들이 하얀 도화지라고 생각합니다. 쉽게 말해서 때 묻지 않은 순수한 원석(原石)인 것이죠. 그 원석이 어떻게 변할지는 전적으로 부모의 육아에 달려 있습니다. 예컨대, 일란성 쌍둥이의 경우, 아무리 다른 환경에서 자란다고 해도 지능에서는 큰 차이가 없다고 알려져 있었습니다. 그런데, 최근 한 연구결과에 따르면 한국에서 태어나 어릴 때 이별을 하고, 각각 다른 환경에서 자란 일란성 쌍둥이가 가치관뿐만 아니라 지능에서도 큰 차이가 나타난 것으로 확인되었다 합니다. 화목한 가정 분위기에서 자란 아이가 가족 간 갈등 수준이 높았던 가정에서 자란 아이보다 훨씬 높은 지능 지수를 가졌던 것이죠. 이처럼 부모의 육아와 가정환경에 따라 아무리 일란성 쌍둥이라고 해도 다르게 자랄 수 있는 것처럼 부모가 어떻게 육아를 하느냐가 아이의 발달에 얼마나 중요한지 알 수 있습니다.

그런데, 아이를 키운다는 것이 생각처럼 쉬운 것은 아닙니다. 처음 호기롭게 아빠 육아를 시작하였으나, 하면 할수록 어렵고 힘든 육아에 자칫 아이와의 관계가 오히려 나빠질 수도 있고, 부모로서 육아를 잘하지 못한다는 자괴감에 빠질 수도 있습니다. 저 역시도 부푼 기대감을 안고 육아휴직을 하였으나, 아이를 키우는 동안 아빠로서 부족한 부분도 많았고, 심지어 순간의 감정을 참지 못하고 아이에게 화를 낸 적도 있었거든요.

예컨대, 예전 세준이가 2살 무렵 고열로 5일 정도 병원에 입원한 적이 있었습니다. 그런데 안 그래도 밥을 잘 안 먹는 아이였던 세준이는 병원에 입원해 있는 동안, 몸도 아프니 밥을 더 먹질 않았습니다. 게다가 입원해 있는 기간이 길어질수록 부모에게 내는 짜증도 더 커져 갔습니다. 당시 저와 아내는 번갈아 가며 직장에 휴가를 내고 입원 기간 내내 아이 옆을 지켰었는데, 아이가 밥도 먹질 않고 계속 짜증만 내니, 5일쯤 되는 날에는 저의 인내심도 한계에 달했던 것이죠. 퇴원할 무렵 아이에게 밥을 먹이려고 하는데, 아이가 밥먹는 것을 거부하더니 갑자기 숟가락을 집어던지더군요. 순간 저도 화가 머리끝까지 치솟아, 아이의 엉덩이를 손으로 찰싹 하고 후려 갈긴 적이 있었습니다. 당연히 아이는 자지러지게 울었고, 그제서야 정신이 돌아온 저는 아픈 아이에게 내가 지금 무슨 행동을 했나 싶어 한동안 자괴감에 빠진 적이 있었죠. 나는 육아에 맞지 않는 사람인가 하는 생각도 했었습니다.

그런데 나중에 육아하는 선배들을 만나서 이야기를 나눠보니, 다른 분들도 저와 비슷한 일들로 괴로워했던 적이 있더라구요. 사실 육아라는 것이 다들 비슷한 것 같습니다. 모두 부모 역할이 처음이다 보니, 육아를 어려워하고 그 와중에 실수도 많이 합니다. 다만, 그런 과정을 거쳐 잘못한 부분들을 교훈 삼아 더욱 발전하고, 더 나은 모습을 갖춰나간다면 분명 부모와 아이가 모두 행복한 육아를 할 수 있을 것입니다. 무엇보다 한 가지 중요한 사실은 완벽한 육아를 하려고 해서는 안된다는 것입니다. 육아를 하다 보면 내 뜻대로 안되는 경우도 생기고, 아이마다 같은 방식에 다른 반응을 보이기도 합니다. 그러니 부모로서 완벽한 육아에 대한 환상을 버리는 것이 필요합니다.

두 아들 육아를 주로 담당하는 저로서는 육아를 하면 할수록 의외로 육아가 단순하다는 생각을 종종 하곤 합니다. 즉, 부모는 아이에 대한 사랑을 계속 간직하고, 그 사랑을 아낌없이 아이에게 주면 됩니다. 그리고 아이를 믿어주고 아이의 상황에 공감을 해준다면 아이와의 관계는 더욱더 좋아질 것입니다. 아이들이 집을 가장 행복한 공간으로 생각하고, 부모와 같이 있는 지금 순간을 즐거워했으면 좋겠습니다. 그리고 부모들은 우리 아이들을 충분히 그렇게 만들 수 있습니다. 모든 육아하는 부모님들에게 응원의 메시지를 보냅니다.